天喜文化

以声音到文字，分享人类智慧

新天 著

张东君 审订

我很奇怪 但很可爱

这些动物超有趣，让人长知识又笑到翻

1 太阳底下，总有新鲜事

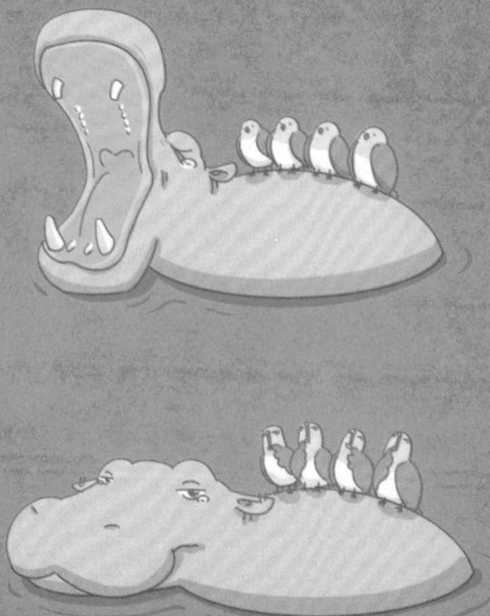

凌波微步

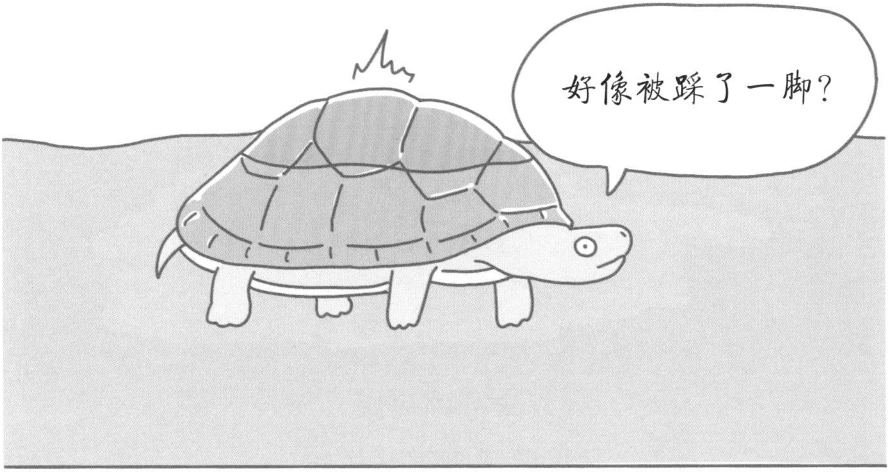
好像被踩了一脚？

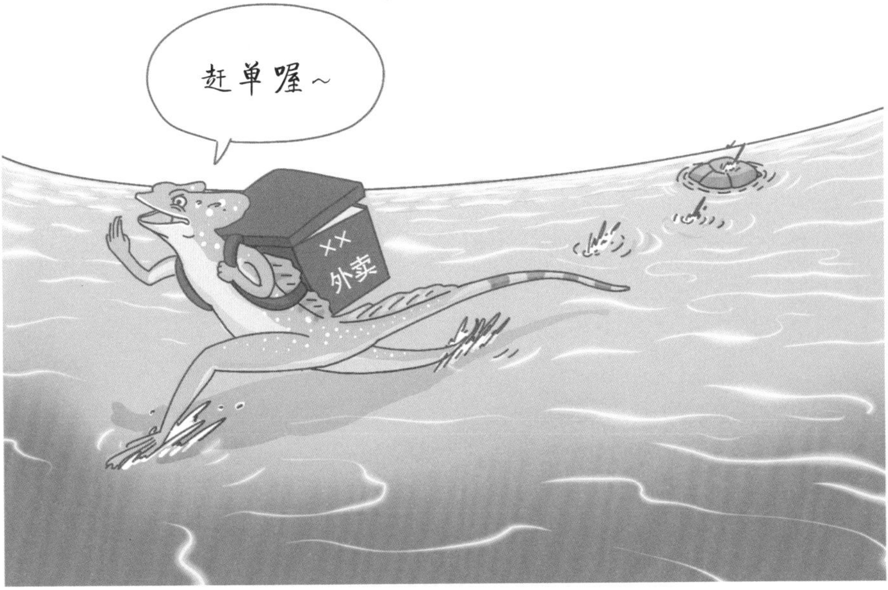
赶单喔～
××
外卖

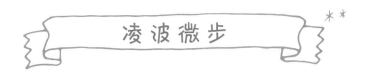

双嵴冠蜥可以
踩着自己脚掌产生的
气泡在水面奔跑。

腋下如何

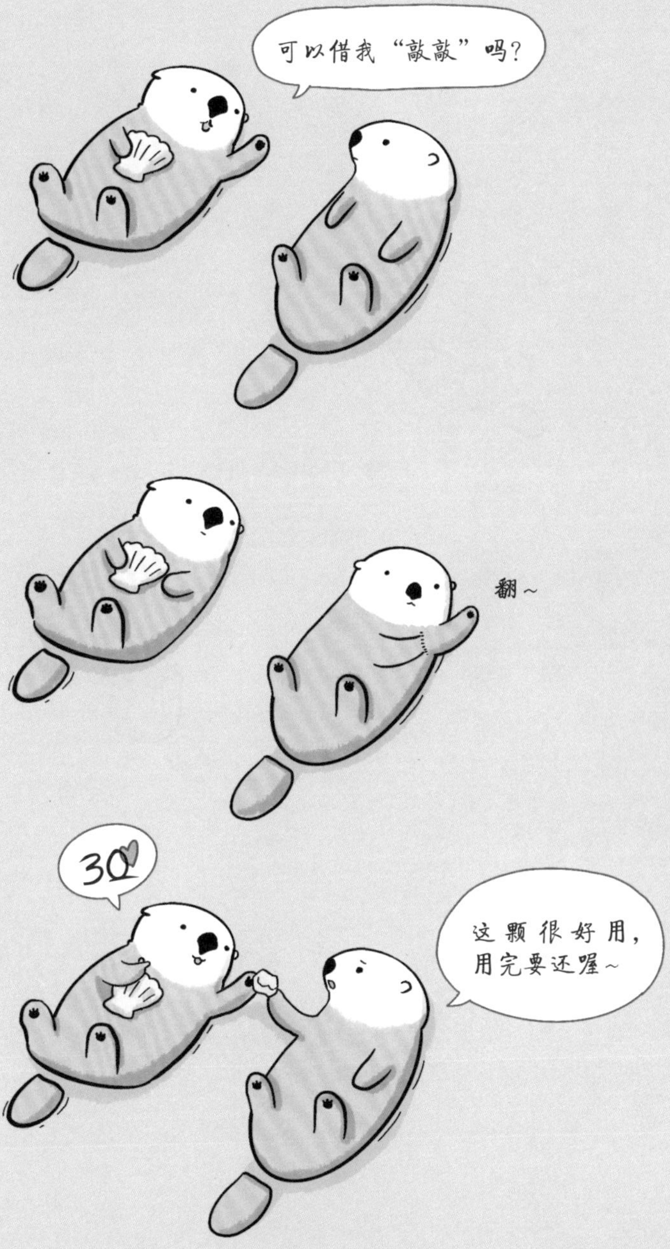
可以借我“敲敲”吗？
翻~
3Q
这颗很好用，
用完要还喔~

海獭会把好用的石头
存放在腋下的小口袋里。

晒痕

河马的皮肤会
分泌天然的防晒乳。

塞车

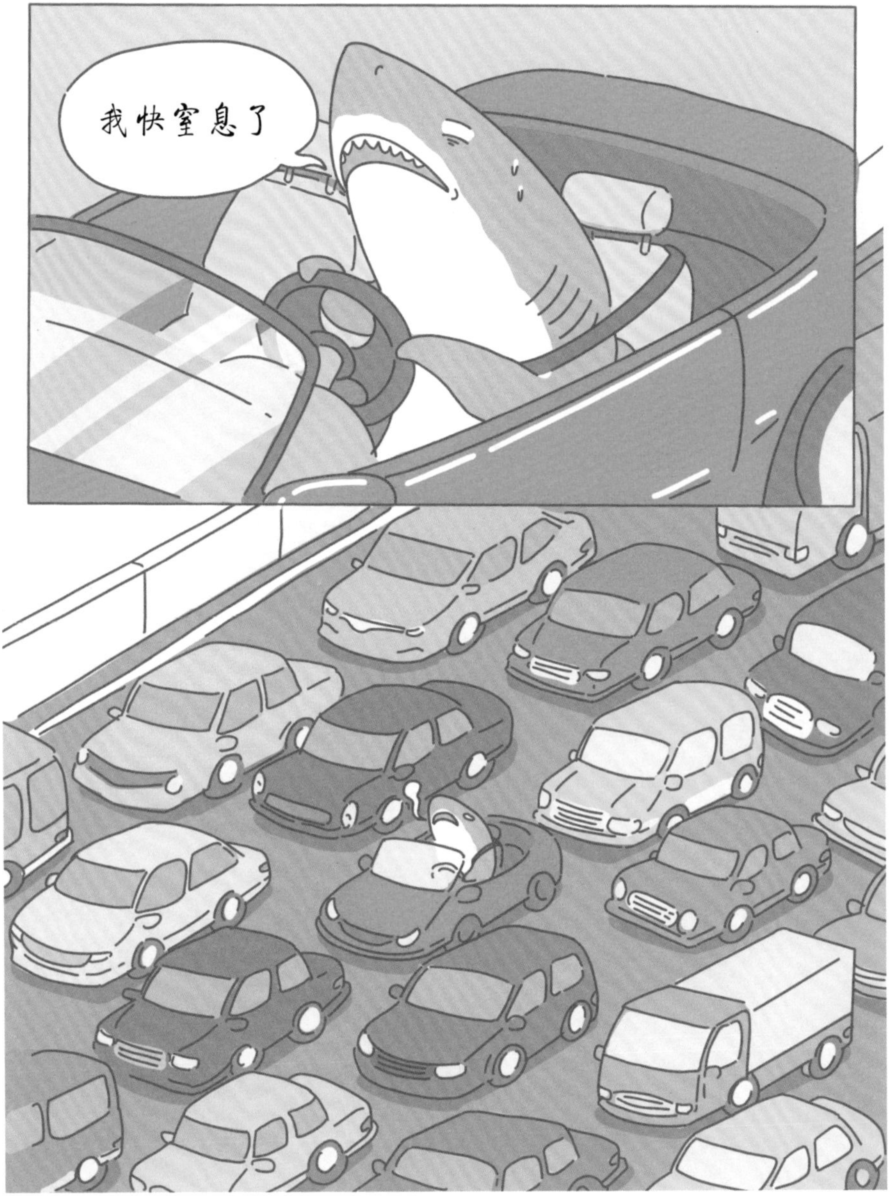

大多数鲨鱼
要一直移动
才能保持呼吸。

孕父

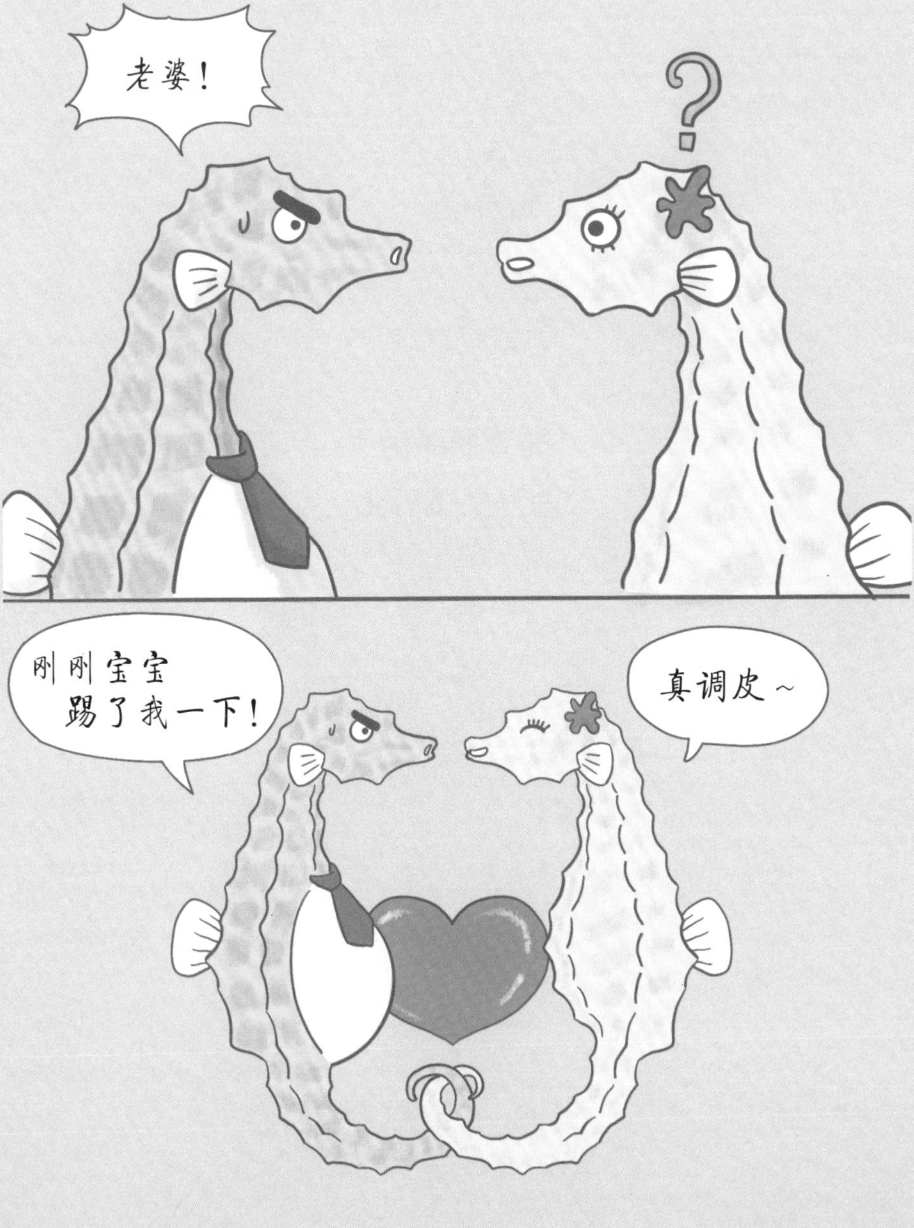
老婆！
刚刚宝宝
踢了我一下！
真调皮～

海马的卵由
公海马负责孵化。

假发

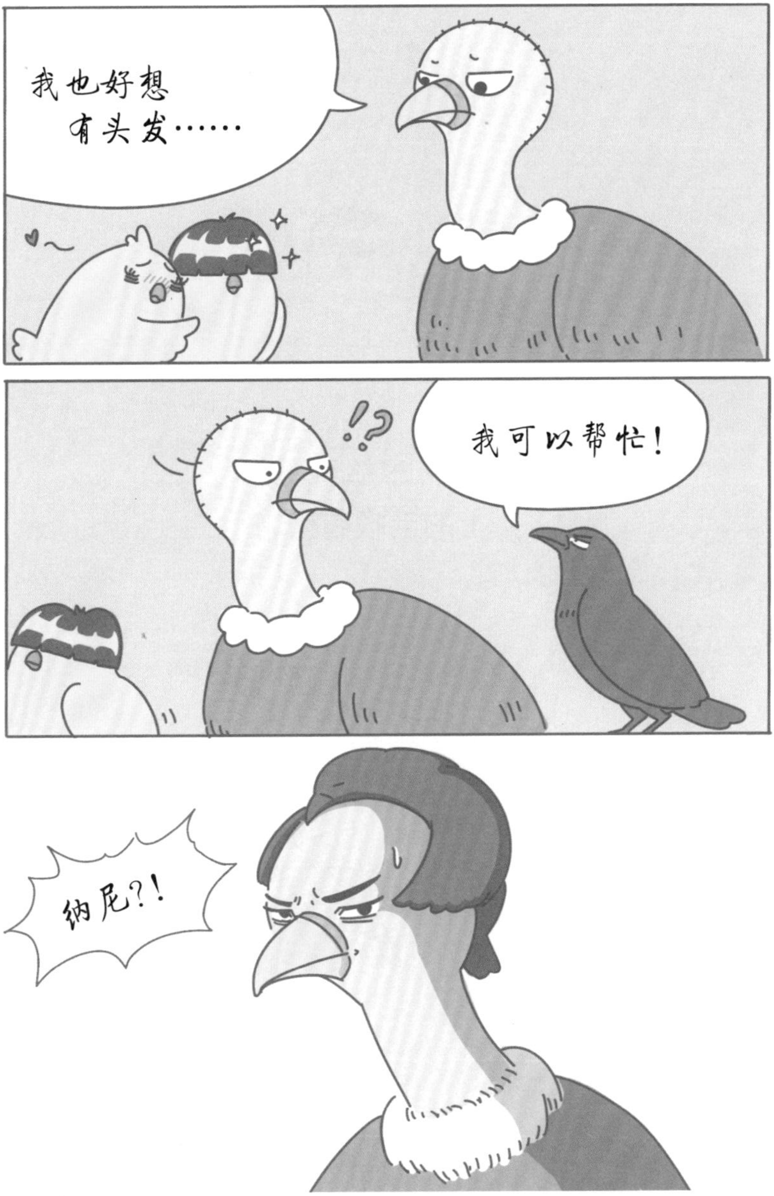
我也好想
有头发……
我可以帮忙！
纳尼?!

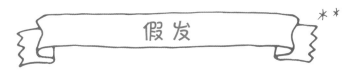

凤头金丝雀
头上的毛很有型。

搭便车

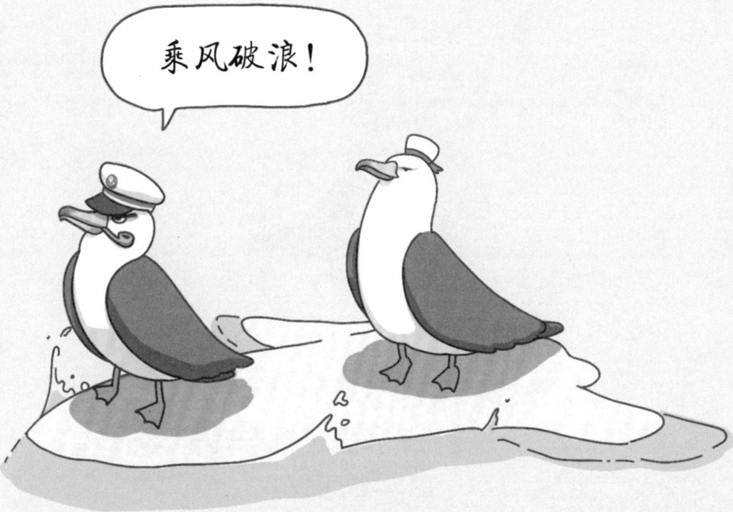

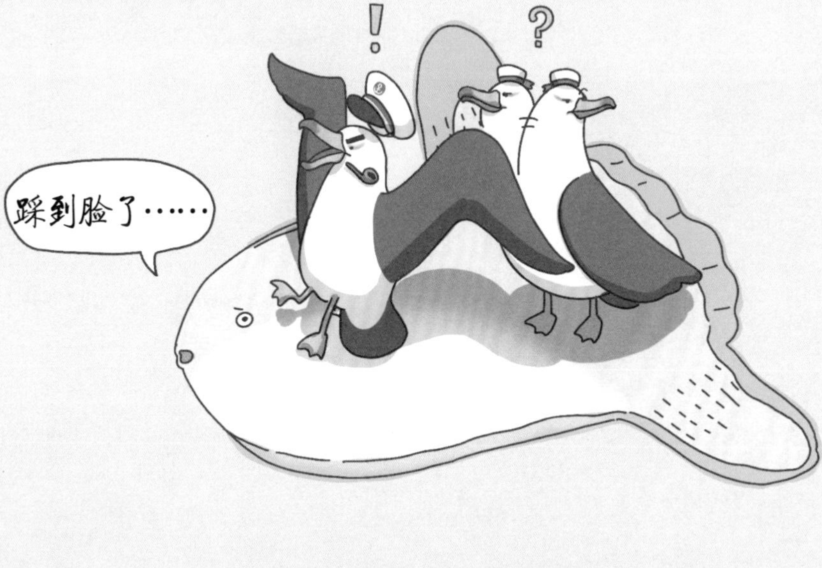

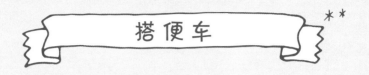

信天翁会帮
平躺在水面的翻车鱼
去除寄生虫。

神队友

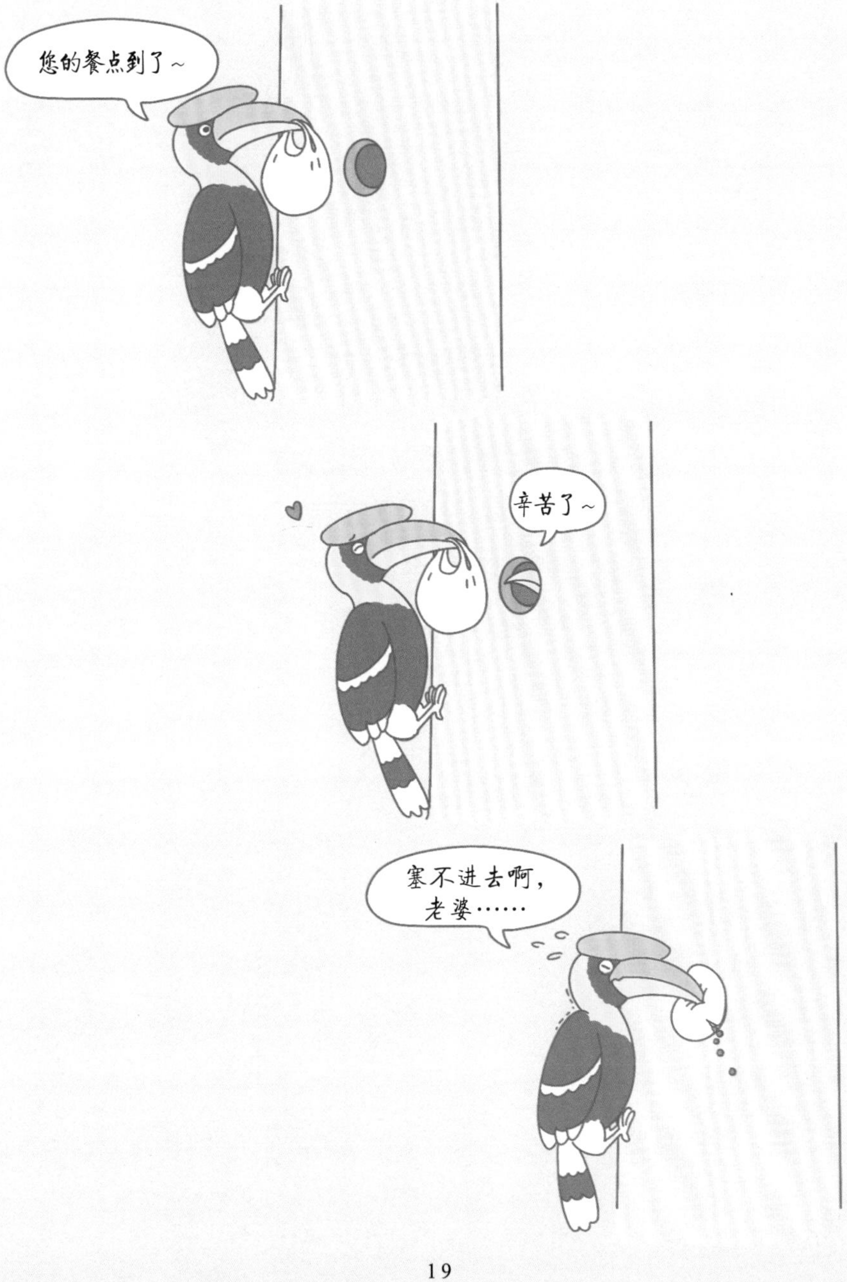

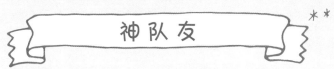

在养育幼鸟时，
公犀鸟会负责外出觅食，
母犀鸟则看护宝宝，
同时它们会用泥土
缩小树洞口。

先进

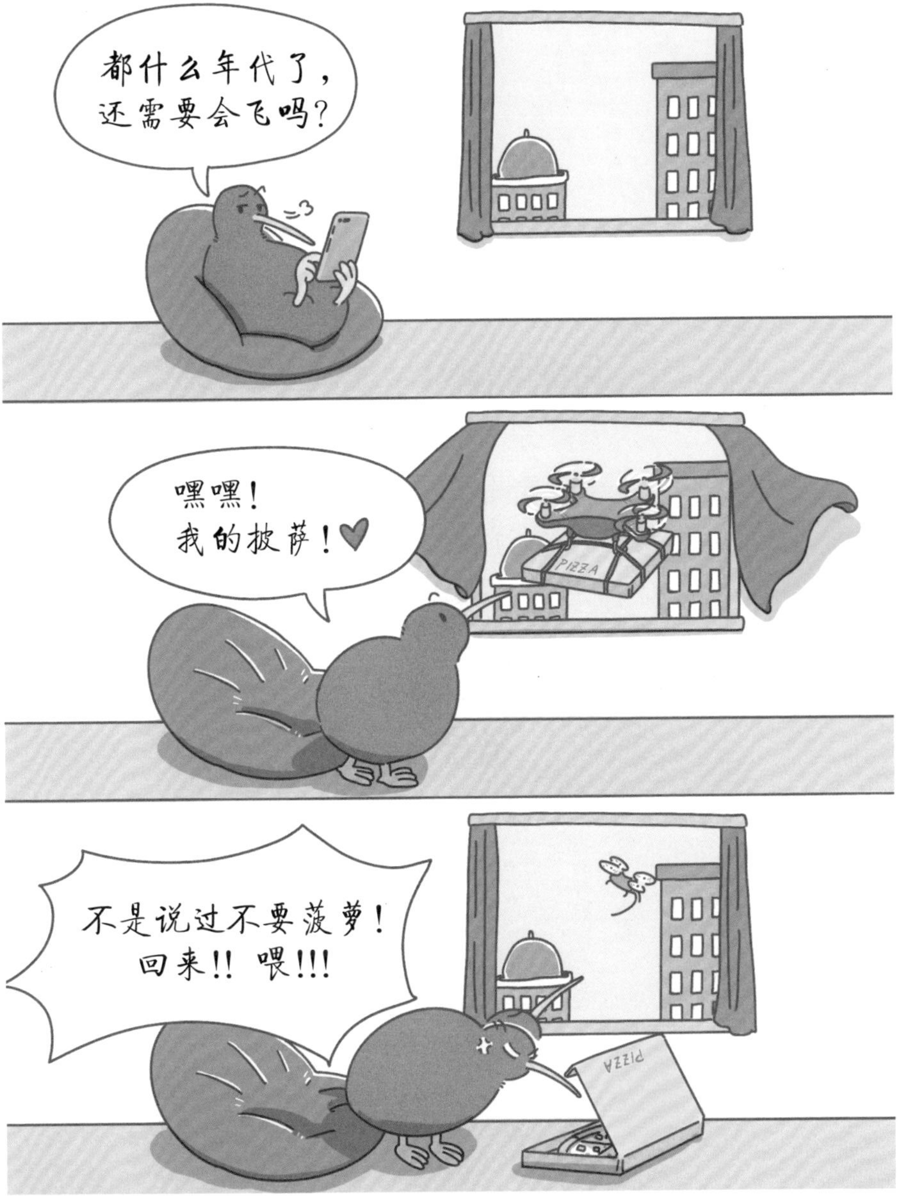
都什么年代了，还需要会飞吗？
嘿嘿！我的披萨！
PIZZA
不是说过不要菠萝！回来!! 喂!!!
PIZZA

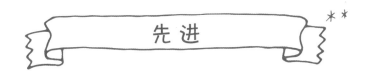

无翼鸟（又称鹬鸵、几维鸟）

是有翅膀的，

只是非常非常小，

所以它不能飞。

钓鱼

绿蓑鹭会
使用诱饵抓鱼。

时机不对

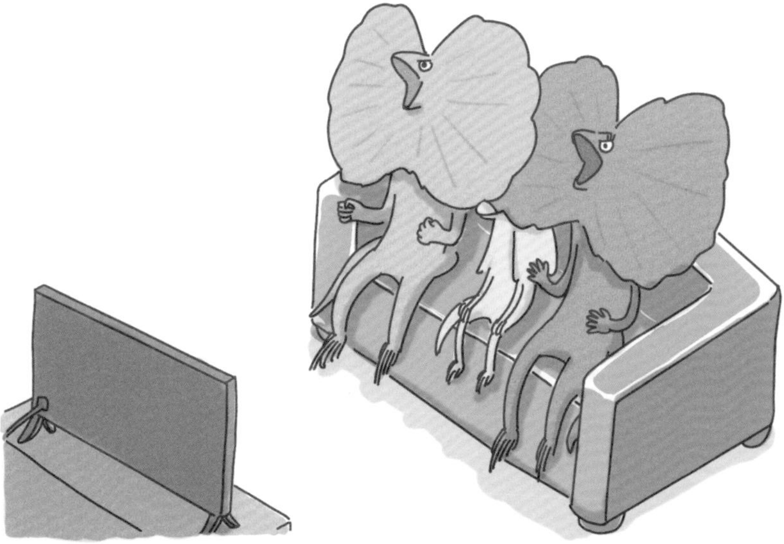

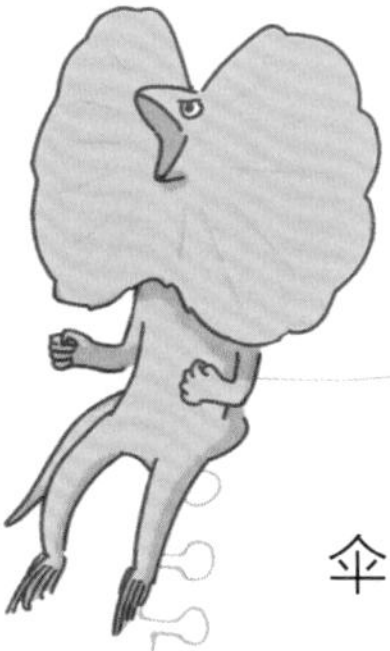

伞蜥在感到威胁
或被激怒时，
会张开大口并展开
颈部的伞状皮褶。

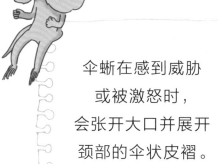

啦啦操

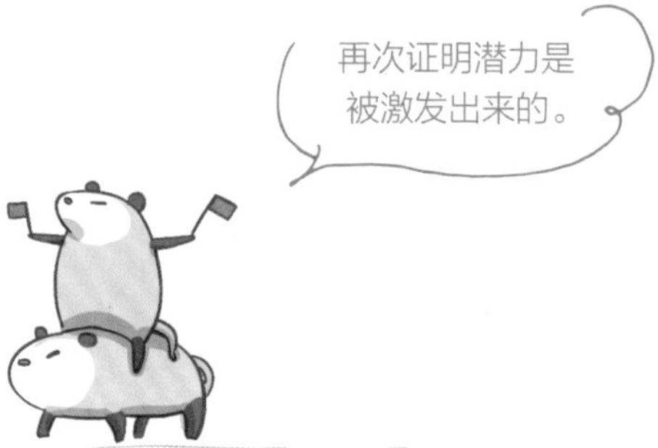
再次证明潜力是
被激发出来的。

负鼠妈妈一次可以
背十几只仔鼠。

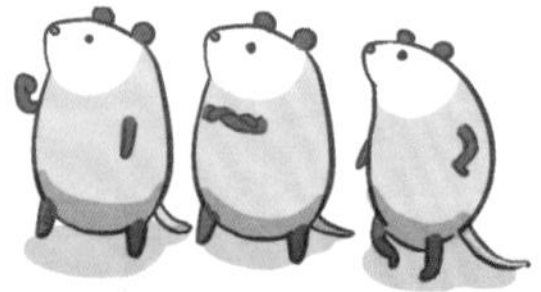

装死

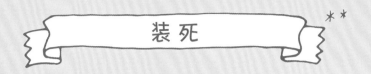

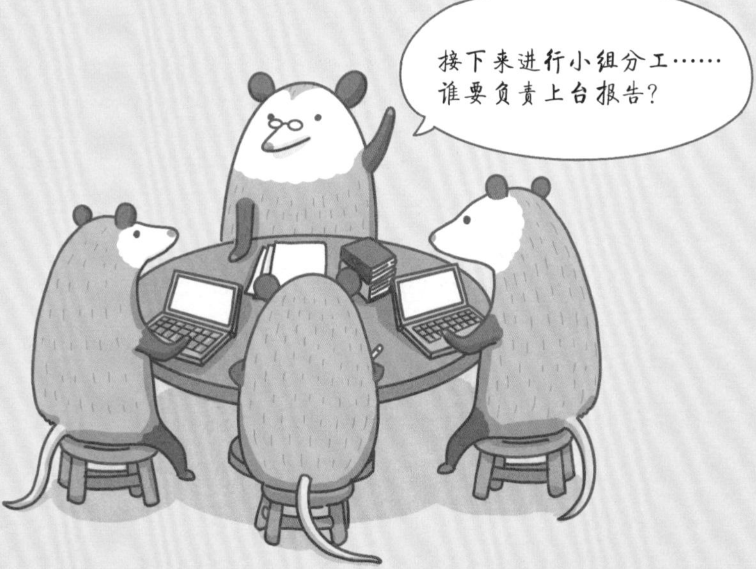
接下来进行小组分工……
谁要负责上台报告？

（看来这组状况不太妙啊！）

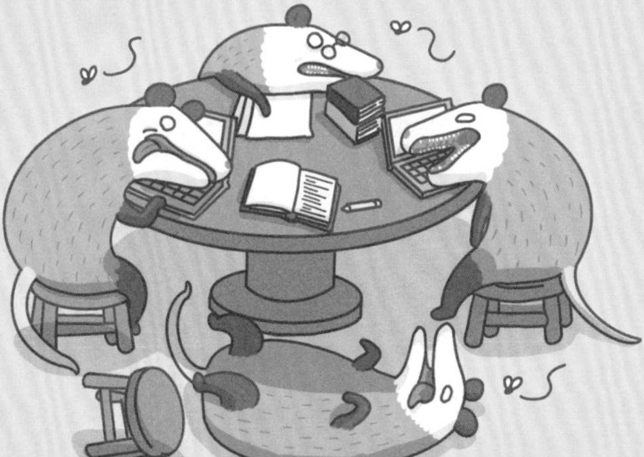

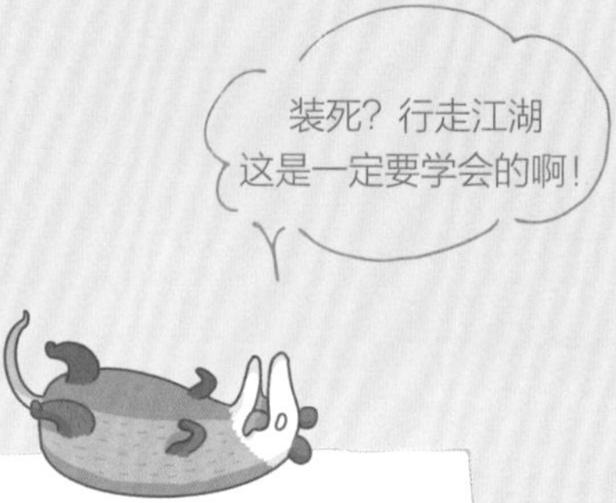
装死？行走江湖
这是一定要学会的啊！

负鼠装死功力一流，
有时候连呼吸、心跳
都能暂时停止。

请勿占用水道

麋鹿会潜进湖里
吃水草，
是鹿中的潜水高手！

储备粮食

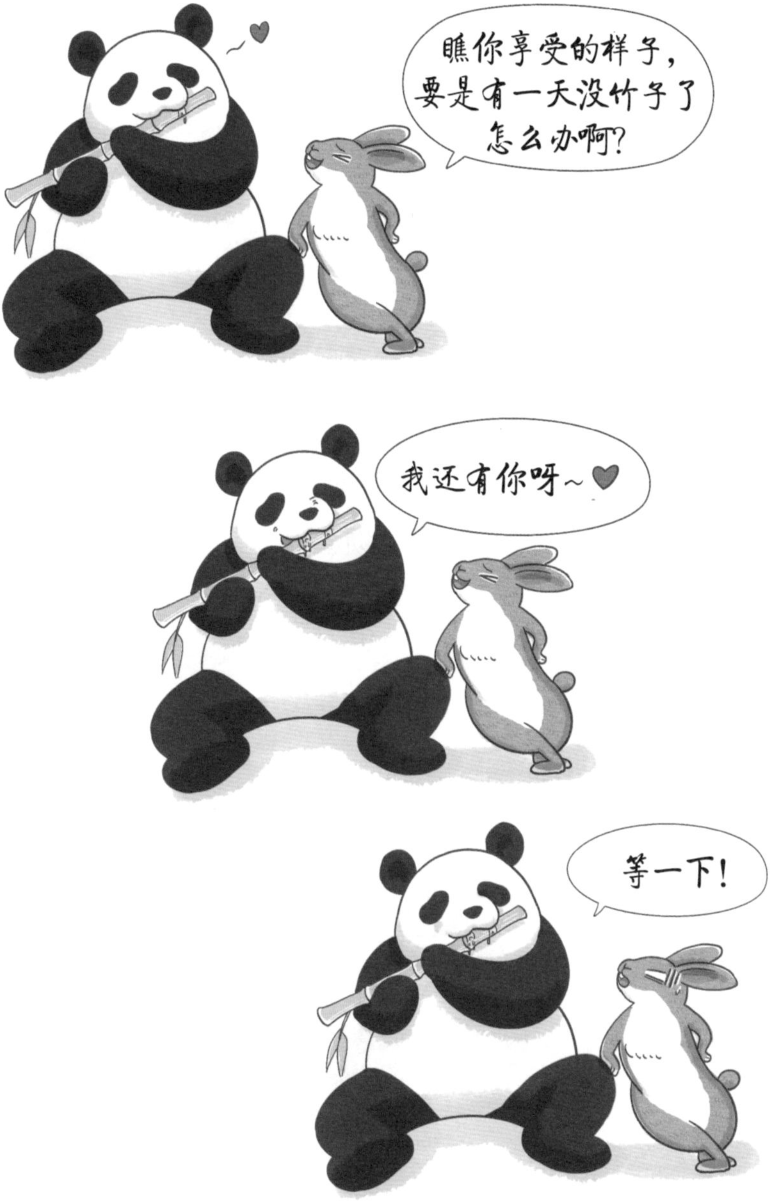
瞧你享受的样子，
要是有一天没竹子了
怎么办啊？
我还有你呀~
等一下！

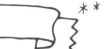

大熊猫
其实是食肉目，
杂食动物。

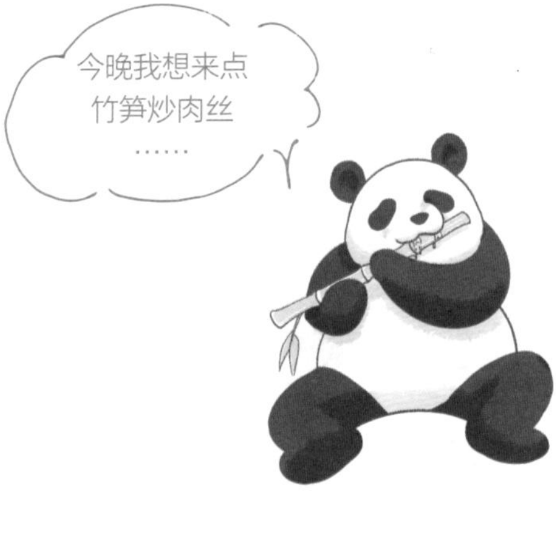
今晚我想来点
竹笋炒肉丝
……

熊也是奶奶养的

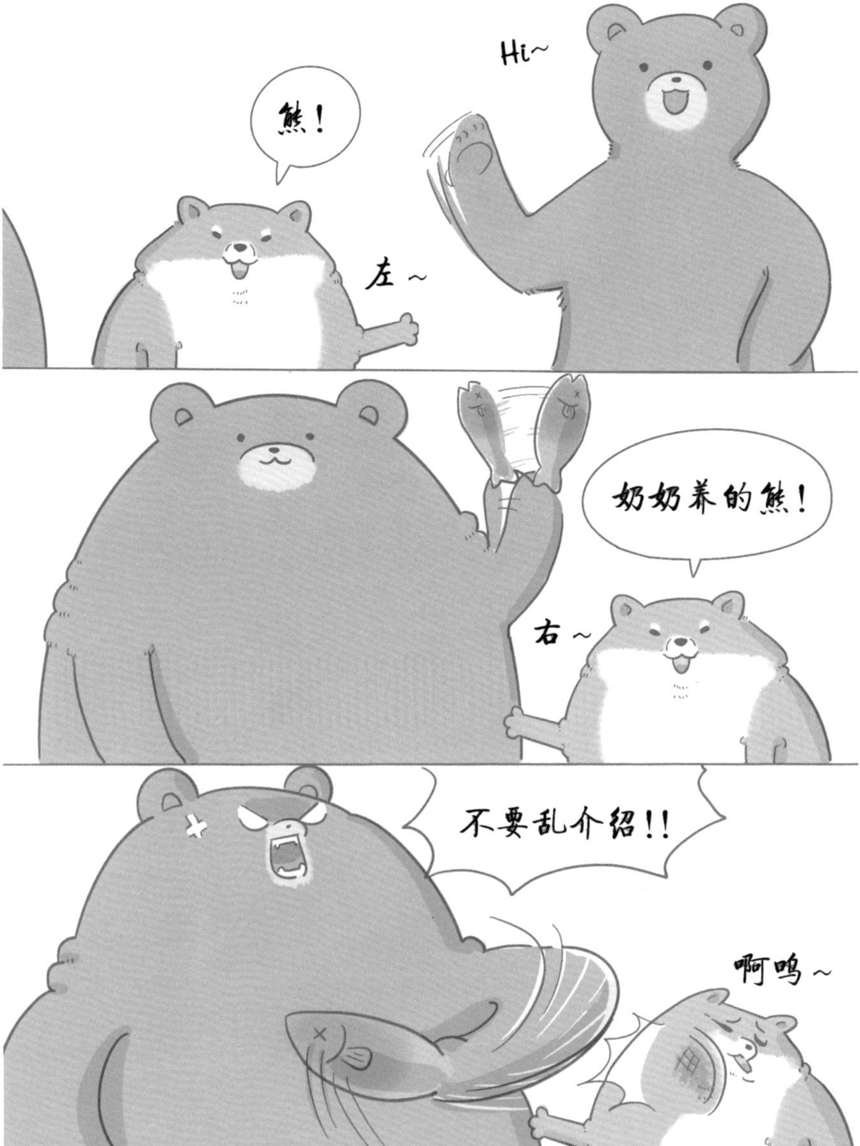
熊！
Hi~
左～
奶奶养的熊！
右～
不要乱介绍！！
啊呜～

熊冬眠半年会失去
1/3的体重。

嫌疑人

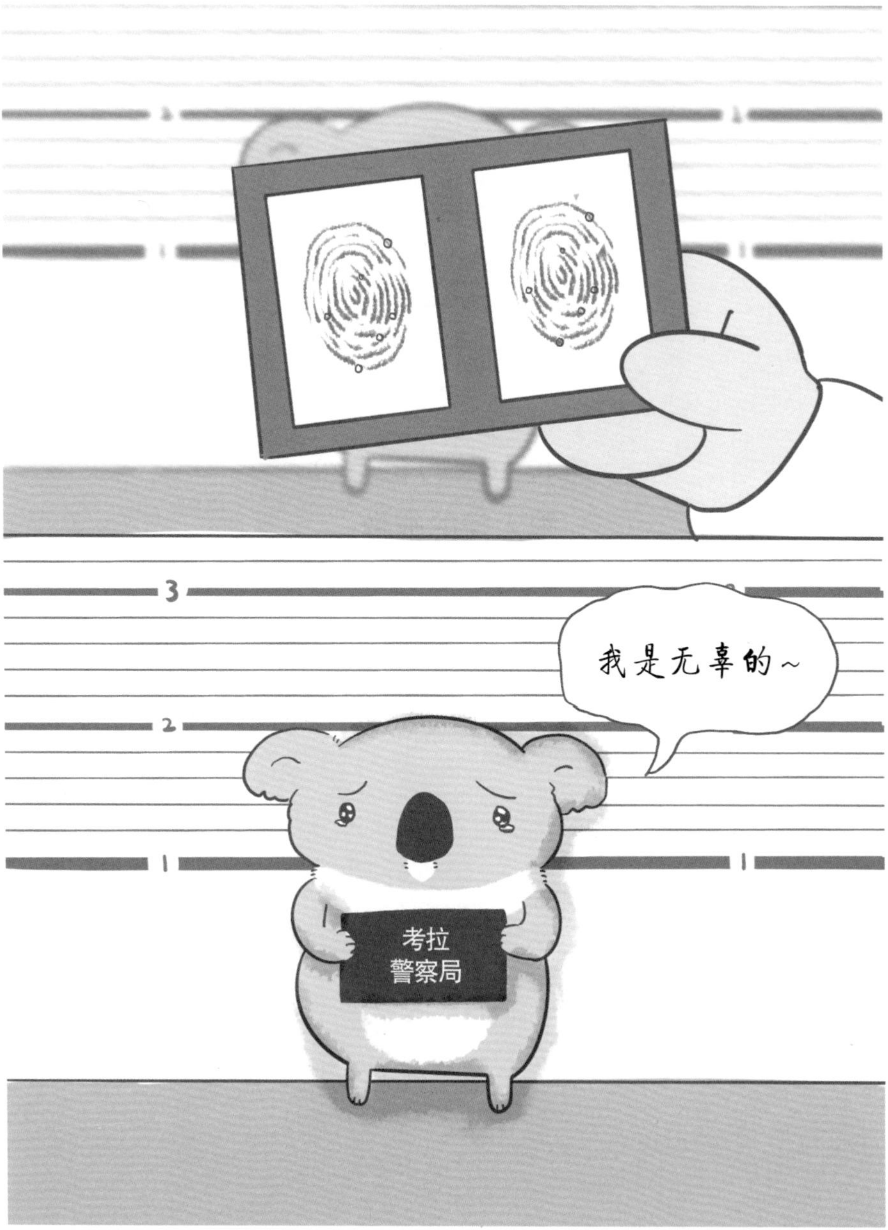

3
2
1
我是无辜的~
考拉
警察局

考拉（树袋熊）的指纹
跟人类的很像。

理发

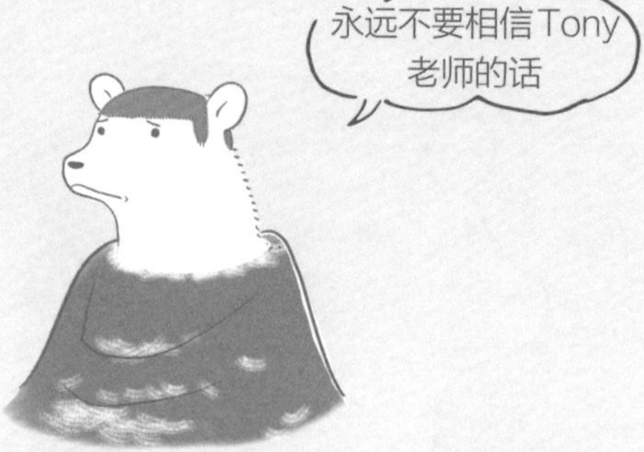
永远不要相信Tony老师的话

北极熊的皮肤
其实是黑的。

体臭

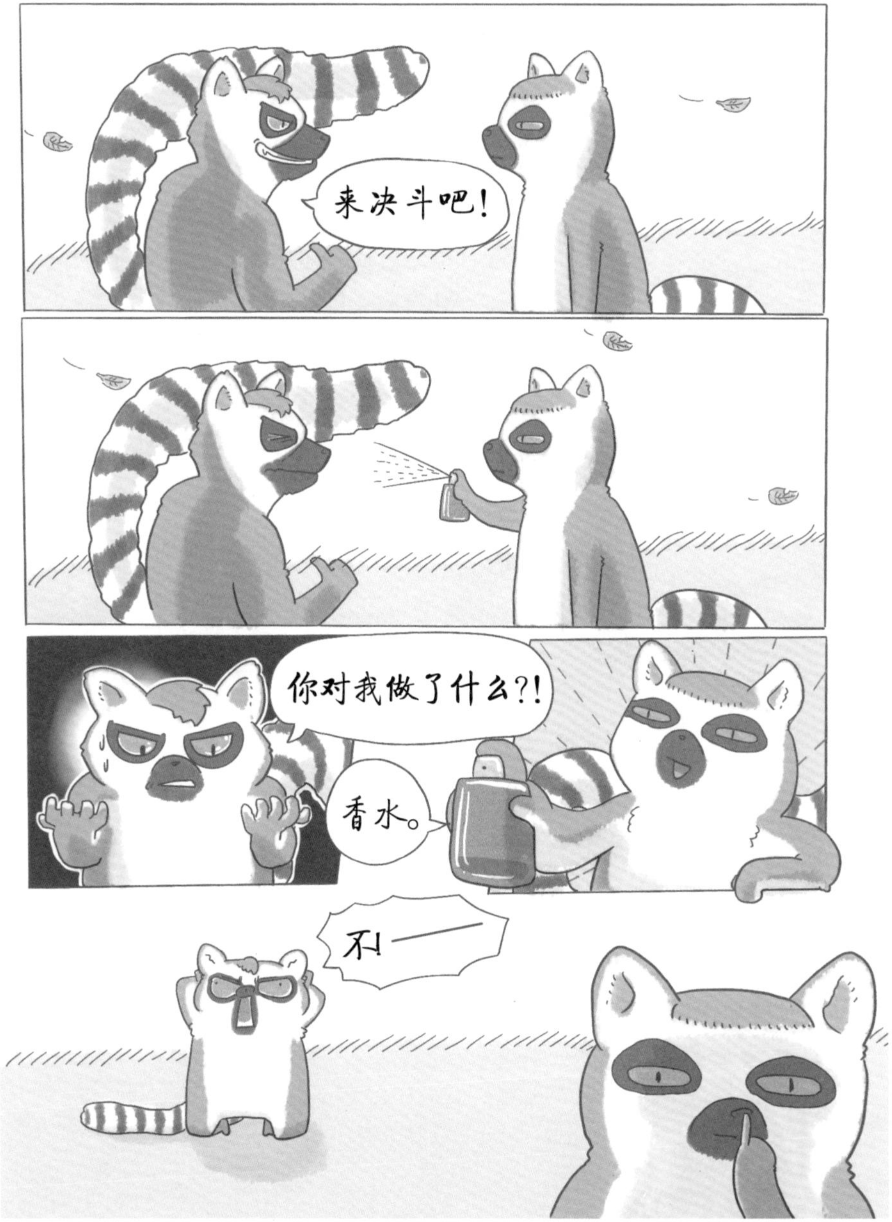
来决斗吧！
你对我做了什么？！
香水。
不！——

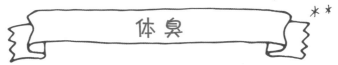

保持魅力的
方式之一，
就是不要洗澡！
环尾狐猴会用气味
标示领地和求偶。

打喷嚏

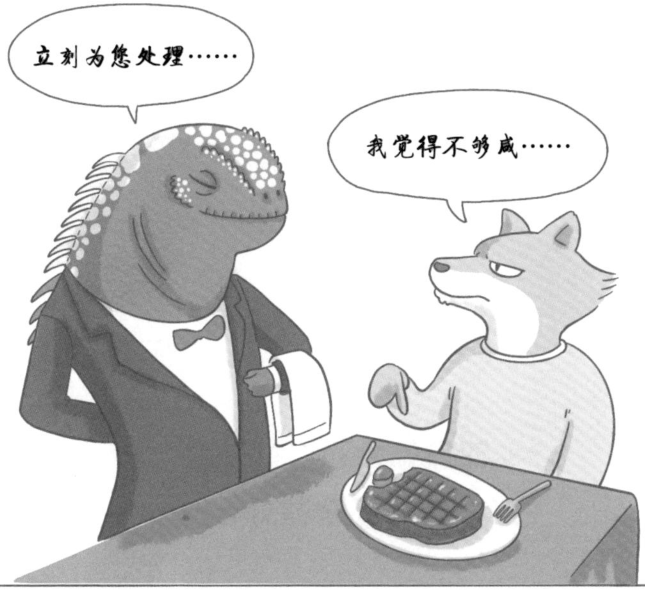
立刻为您处理……
我觉得不够咸……

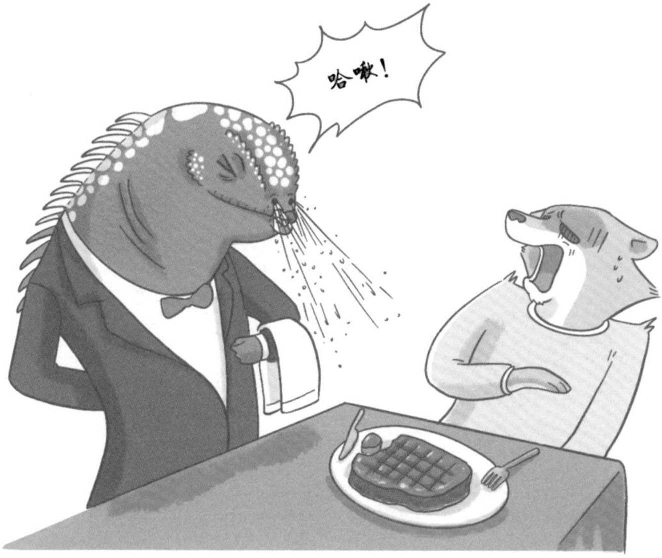
哈啾！

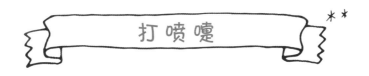

海鬣蜥会通过打喷嚏
排出多余盐分。

喔啦 喔啦

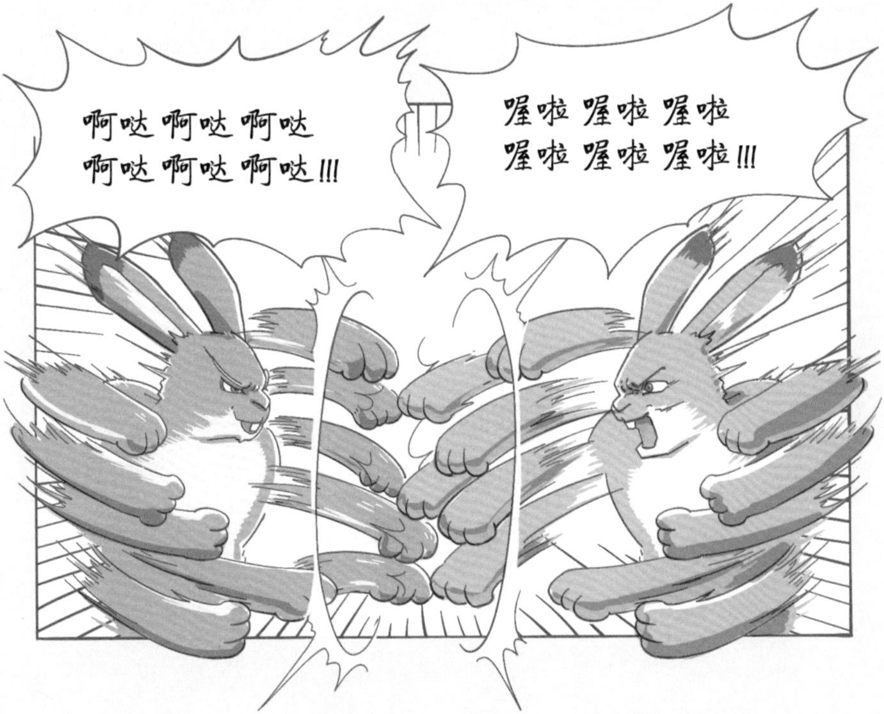
啊哒 啊哒 啊哒
啊哒 啊哒 啊哒!!!
喔啦 喔啦 喔啦
喔啦 喔啦 喔啦!!!

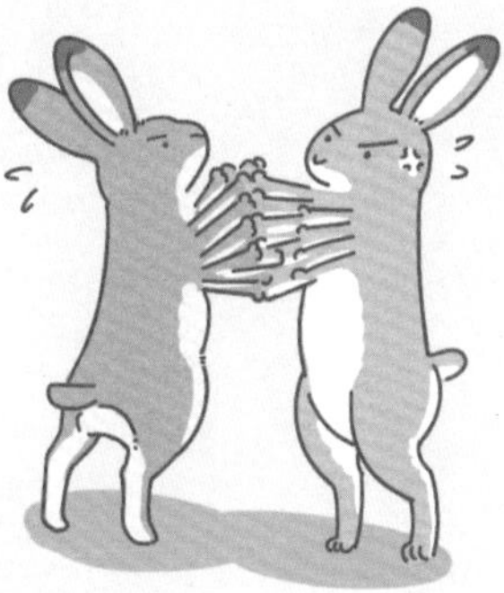

不要招惹野兔，
他们打起架来
可不像是吃素的。

2 “奇怪”也是一种特色

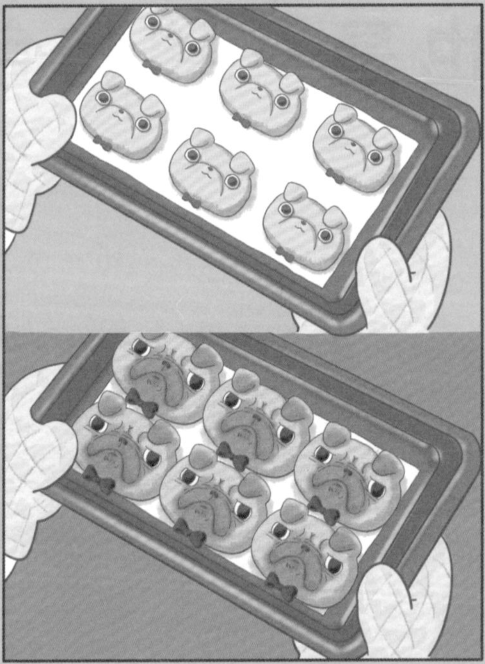

浴火凤凰

辣属于痛觉，鸟类
因为没有辣椒素的
受体，所以吃辣椒
不会感受到痛。

怕死Pass

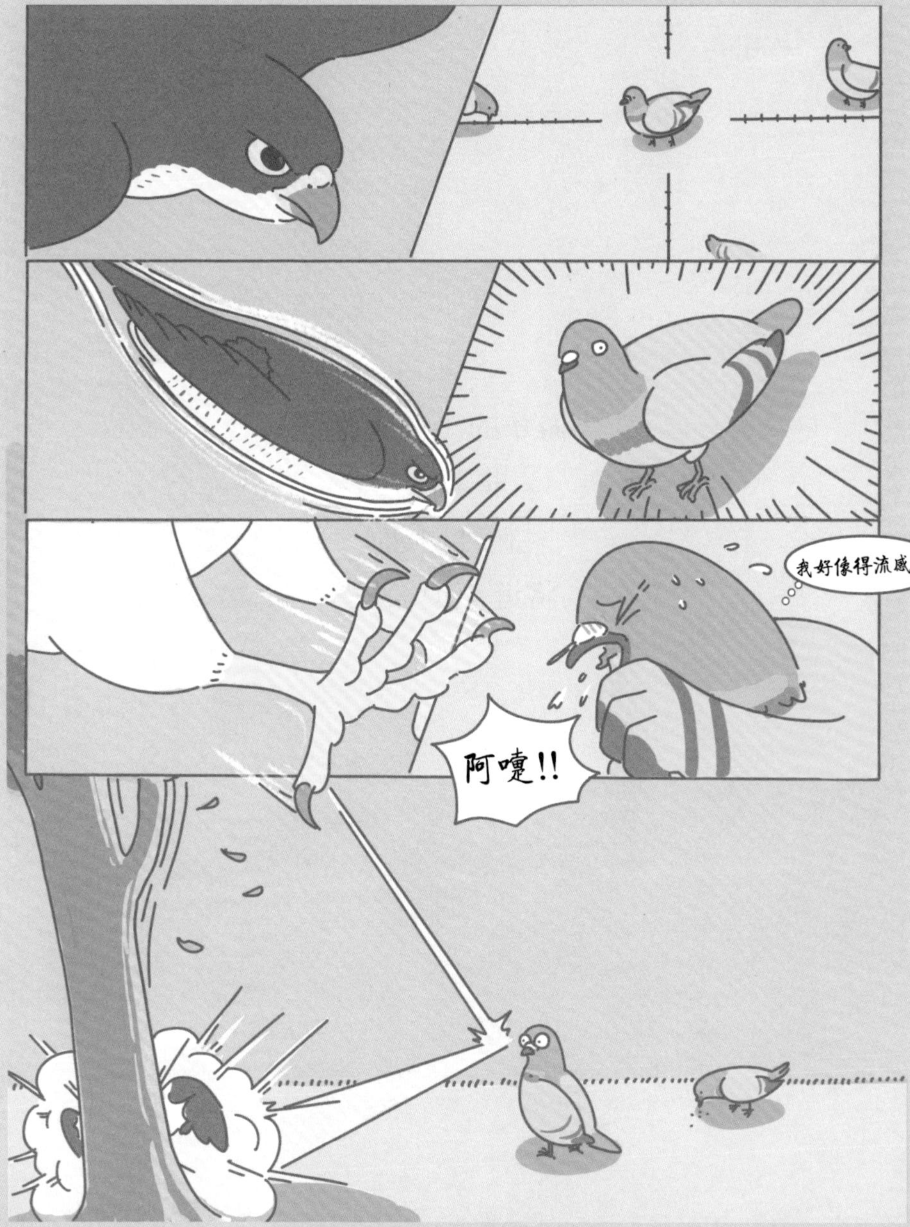

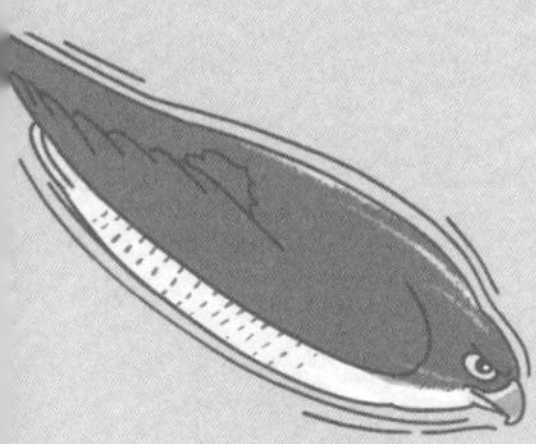

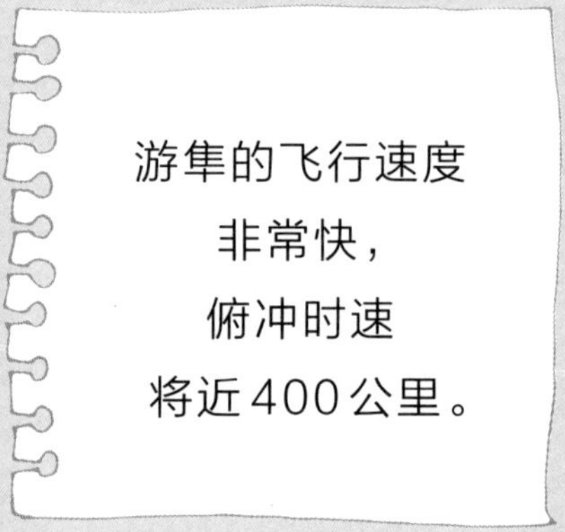
游隼的飞行速度
非常快，
俯冲时速
将近400公里。

回声定位系统

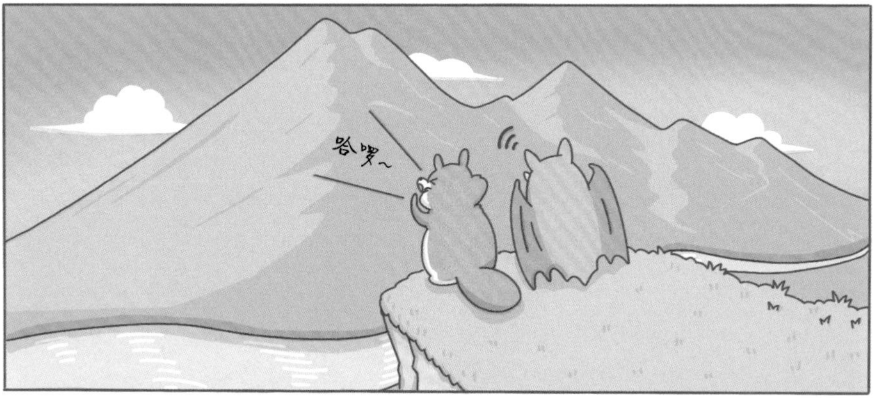
哈喽~

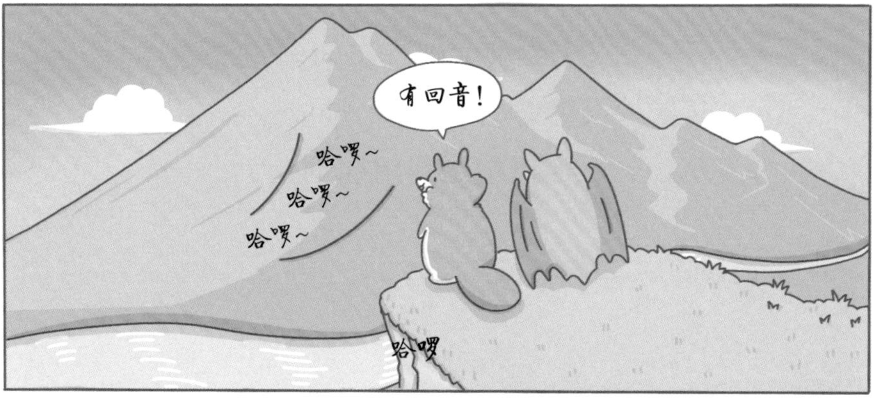
有回音!
哈喽~
哈喽~
哈喽~
哈喽

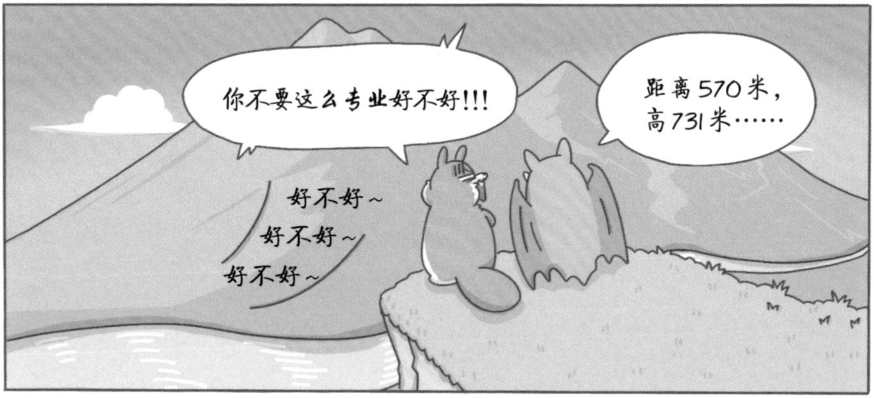
距离570米，
高731米……
你不要这么专业好不好!!!
好不好~
好不好~
好不好~

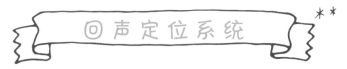

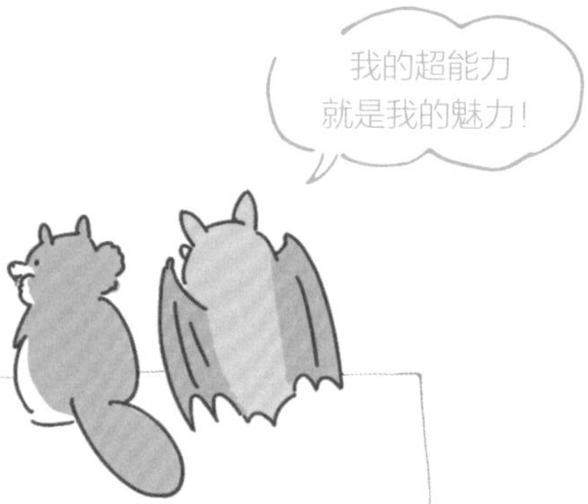
我的超能力
就是我的魅力！

大多数的蝙蝠可利用
超声波在黑暗中定位，
但狐蝠是利用视觉。

Morning call（叫醒服务）

啄木鸟每日啄木
超过一万次。

晚归
今天去哪里了？
要不要解释一下？

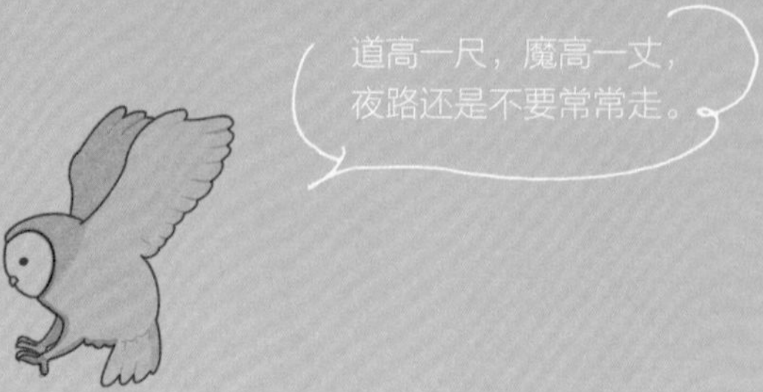
道高一尺，魔高一丈，
夜路还是不要常常走。

猫头鹰飞行时，
几乎没有声音。

弱点

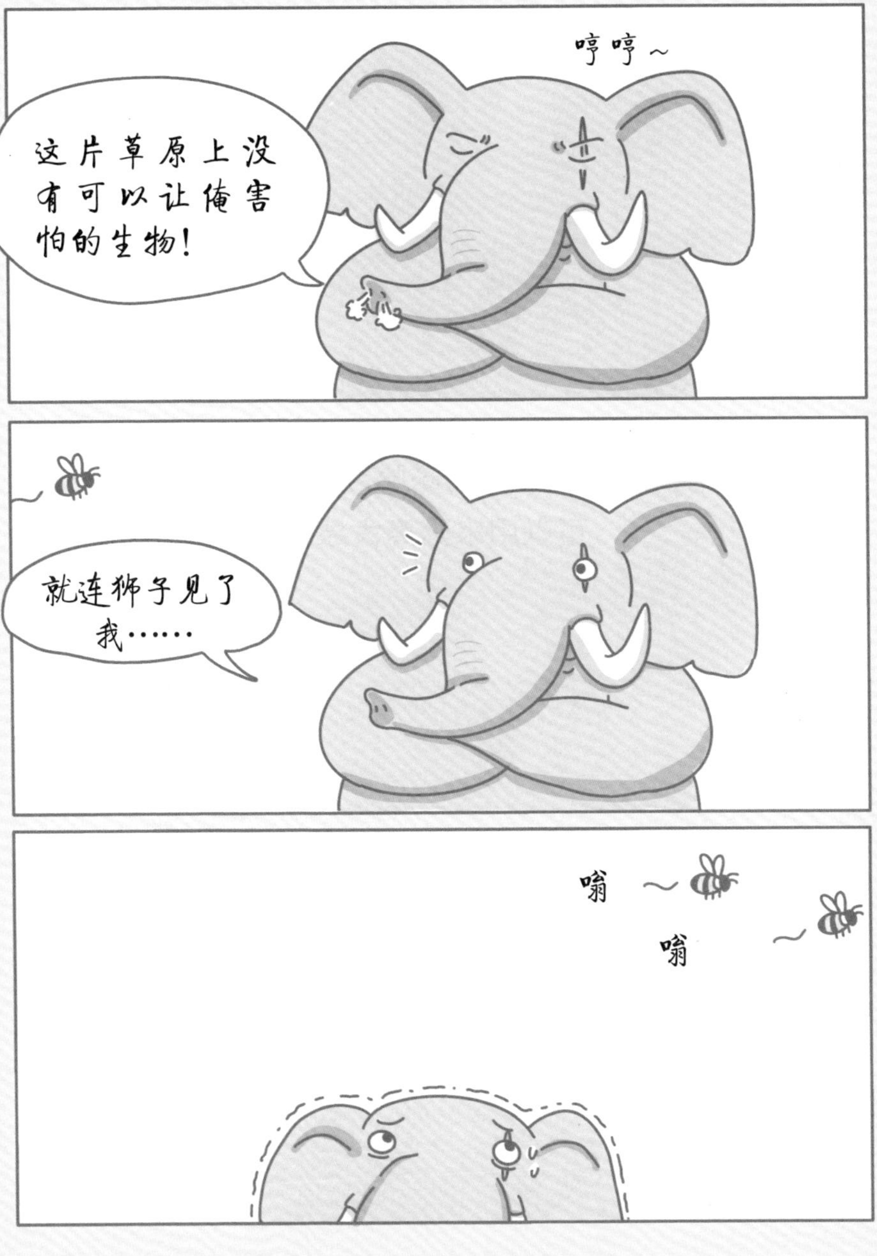
哼哼～
这片草原上没有可以让俺害怕的生物！
就连狮子见了我……
嗡
嗡

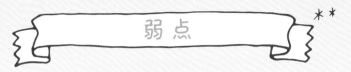

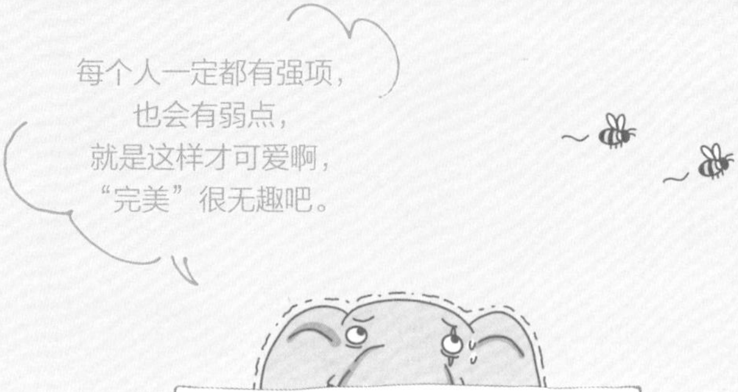
每个人一定都有强项，
也会有弱点，
就是这样才可爱啊，
“完美”很无趣吧。

蜜蜂的嗡嗡声
可以用来驱离大象。

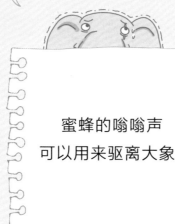

柠檬“酸”

蝴蝶的味觉接收器
长在脚上。

我妻善逸

水中的
《鬼灭之刃》
上演了！

鸭嘴兽在水中
会以电场感应捕食。

一拳超人

螳螂虾（又称皮皮虾）的拳头出击超快，力量很大，换算成力道可超过150公斤，所以它出拳的力道应该可以击破蟹壳。

防护措施

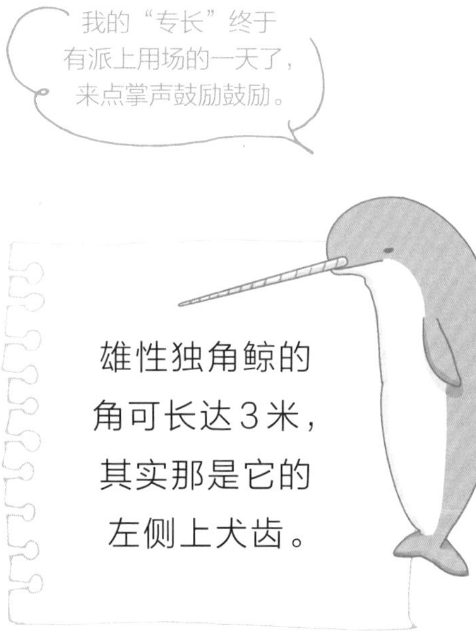
我的“专长”终于
有派上用场的一天了，
来点掌声鼓励鼓励。
雄性独角鲸的
角可长达3米，
其实那是它的
左侧上犬齿。

扮猪吃老虎

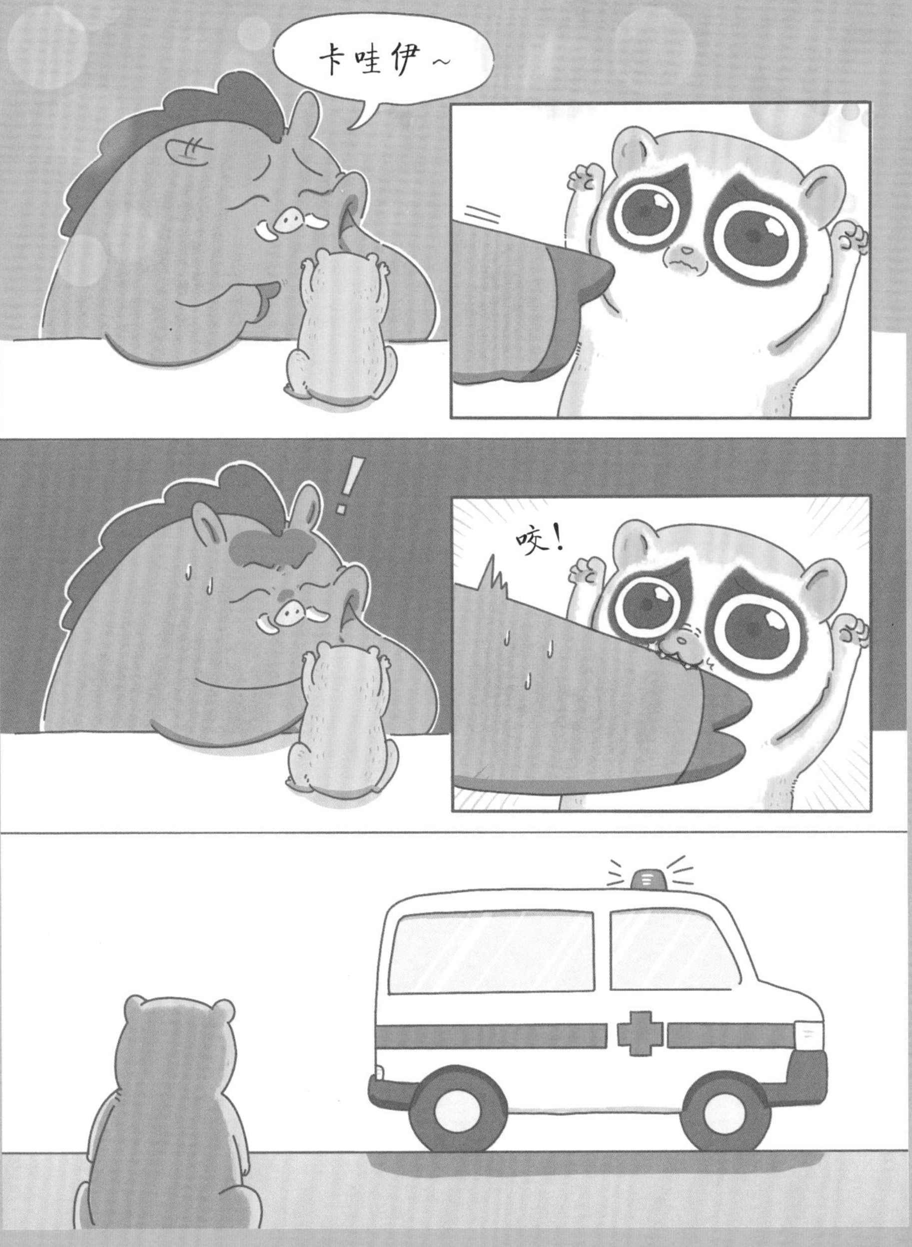

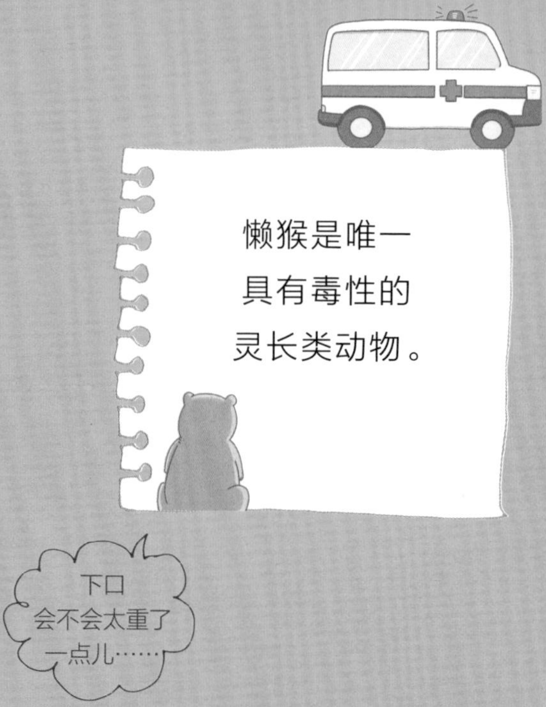
懒猴是唯一
具有毒性的
灵长类动物。
下口
会不会太重了
一点儿……

地图导航

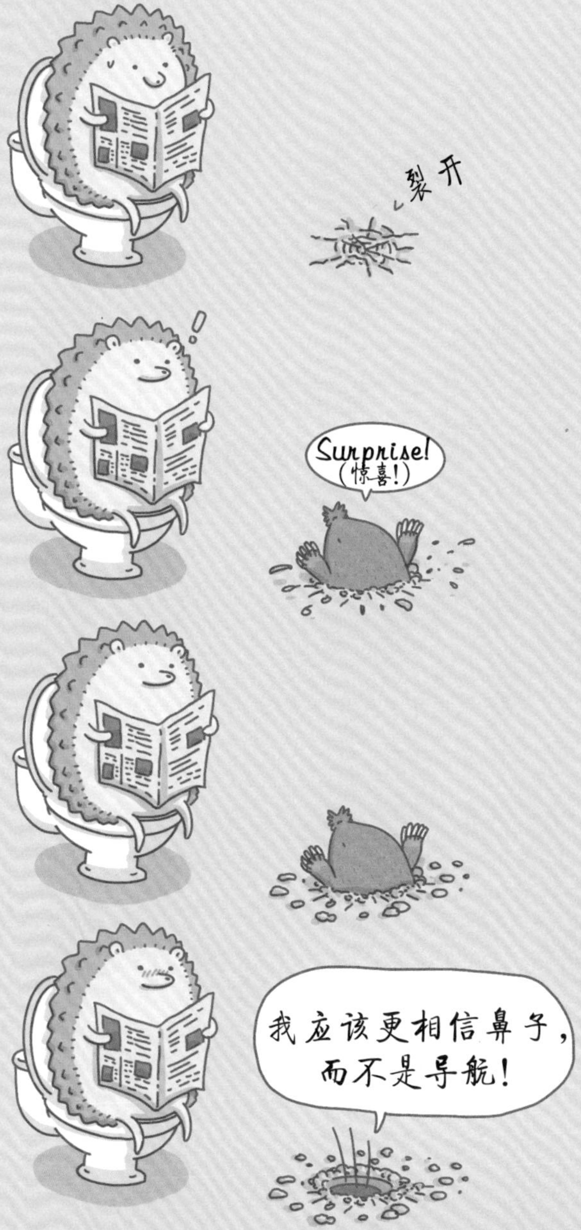
裂开
Surprise!
（惊喜！）
我应该更相信鼻子，
而不是导航！

星鼻鼹鼠拥有非常
灵敏的嗅觉。
特殊的鼻子构造
甚至可以让它在水里
利用嗅觉追捕猎物。

大嗓门

土拨鼠在生命
受到威胁时会发出
高亢的吱吱声。

致命造型

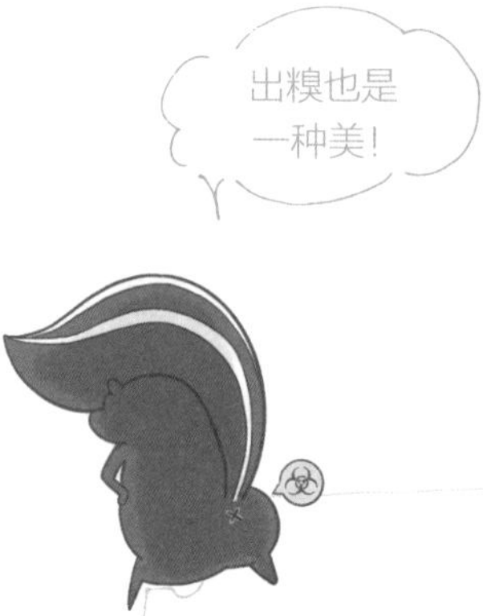

臭鼬的臭液射程
约4米至5米。

飞檐走壁

雪羊有着类似V字形的特殊的蹄，可以攀爬陡峭的山壁，基本上，住在山上的牛科动物都是如此。

飞跃的羚羊

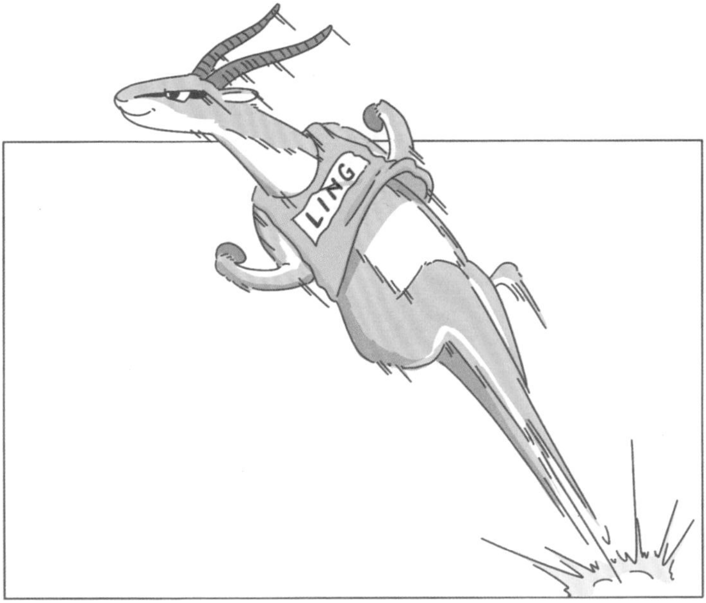

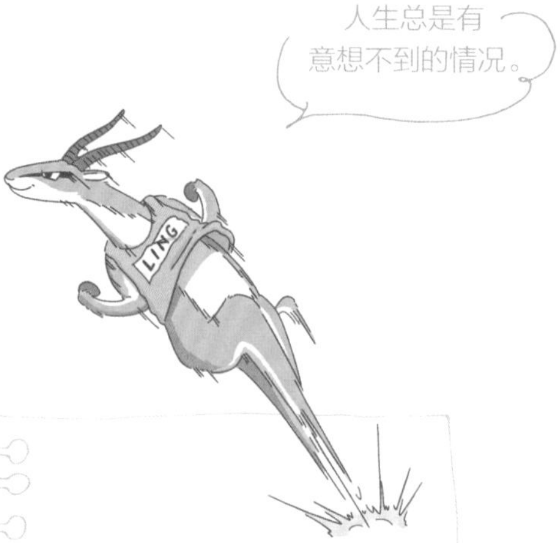
人生总是有
意想不到的情况。

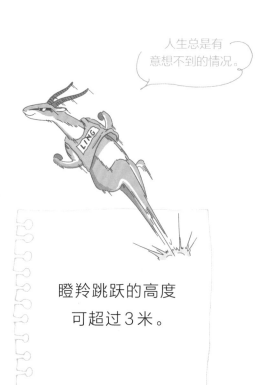

瞪羚跳跃的高度

可超过3米。

物尽其用

壁虎会吃掉
自己断掉的尾巴。

反差萌

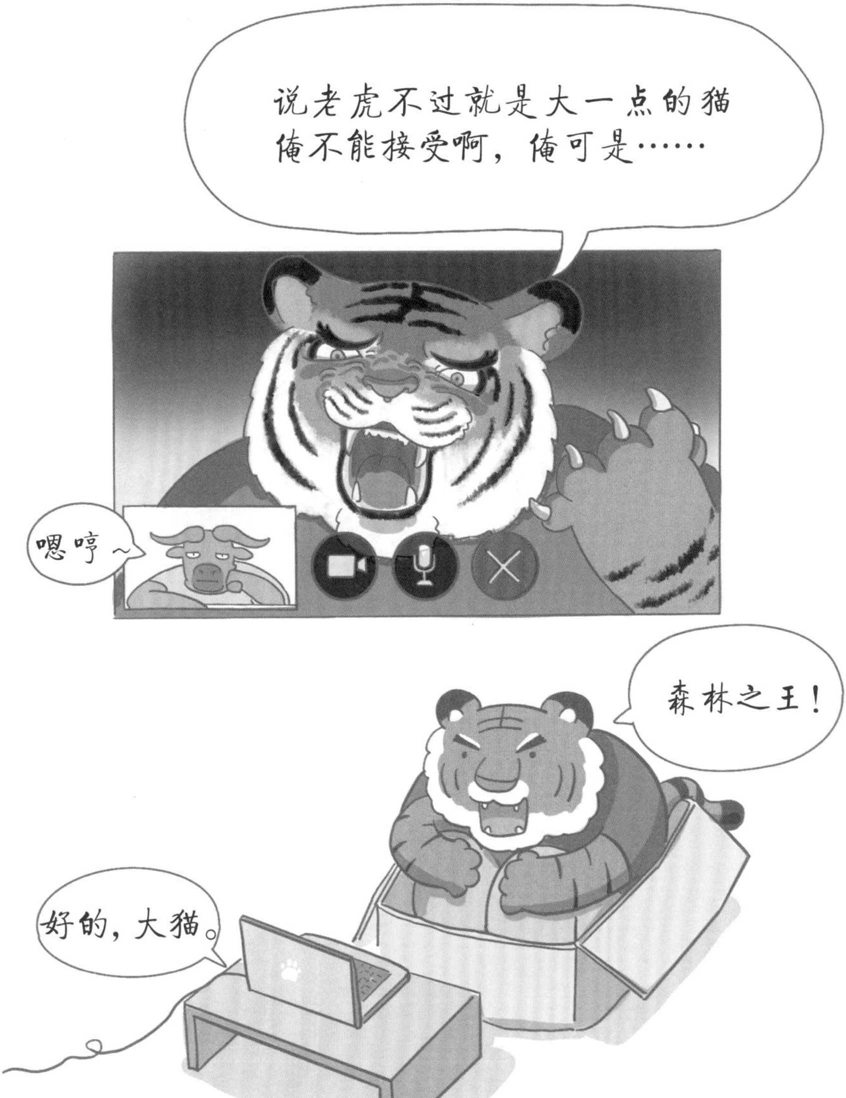

说老虎不过就是大一点的猫
俺不能接受啊，俺可是……
嗯哼～
森林之王！
好的，大猫。

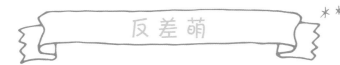

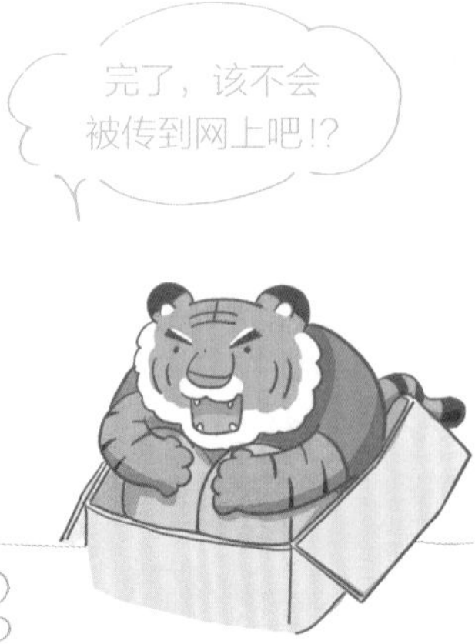
完了，该不会
被传到网上吧!?

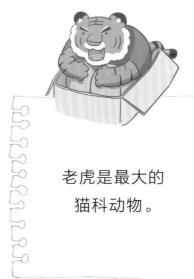

老虎是最大的
猫科动物。

锥心刺骨的痛

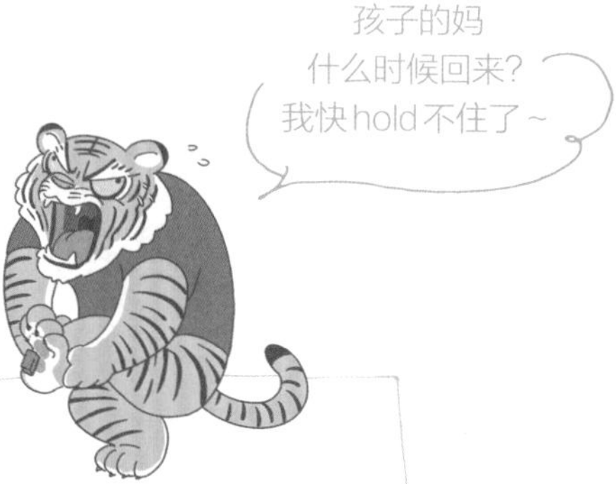
孩子的妈
什么时候回来？
我快hold不住了~

老虎的吼声可以
传3公里远。

醉不上道

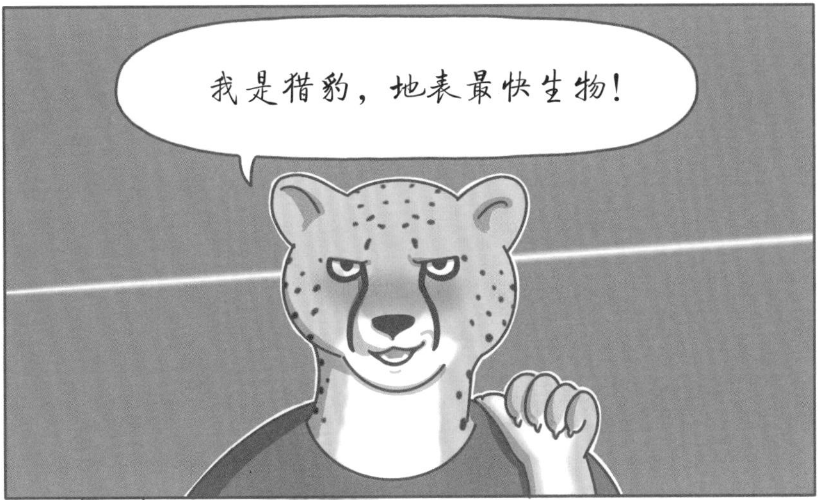
我是猎豹，地表最快生物！

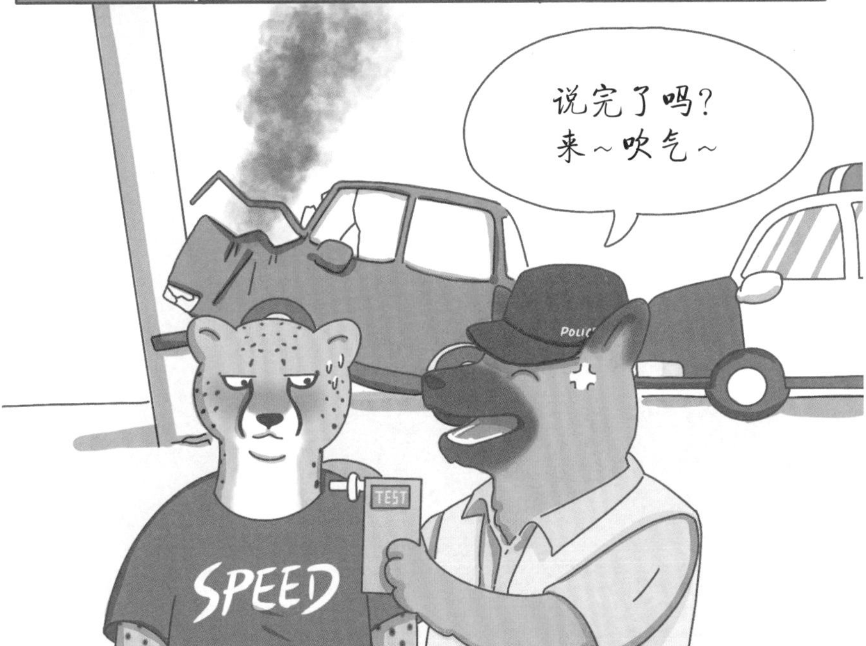
说完了吗？
来~吹气~
POLICE
TEST
SPEED

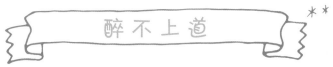

好吧，我承认厉害的人也有出错的时候。
猎豹平时追赶猎物的时速可达98公里，但只能持续200米到300米而已。

“三尺”不烂之舌

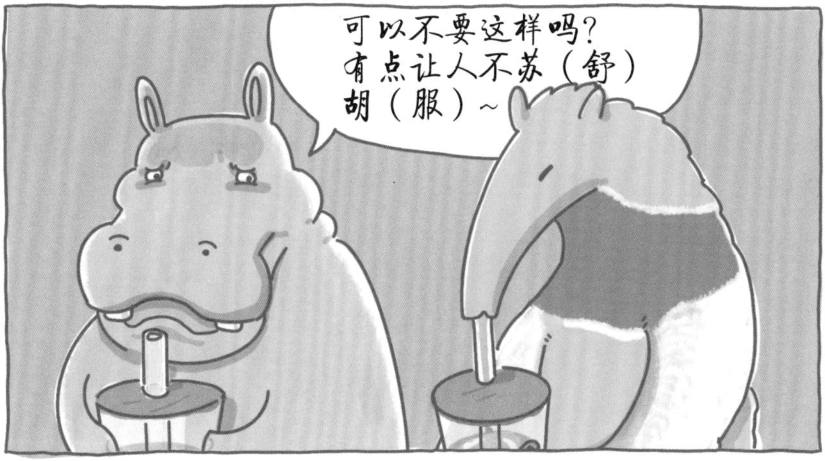
可以不要这样吗？
有点让人不苏（舒）
胡（服）~

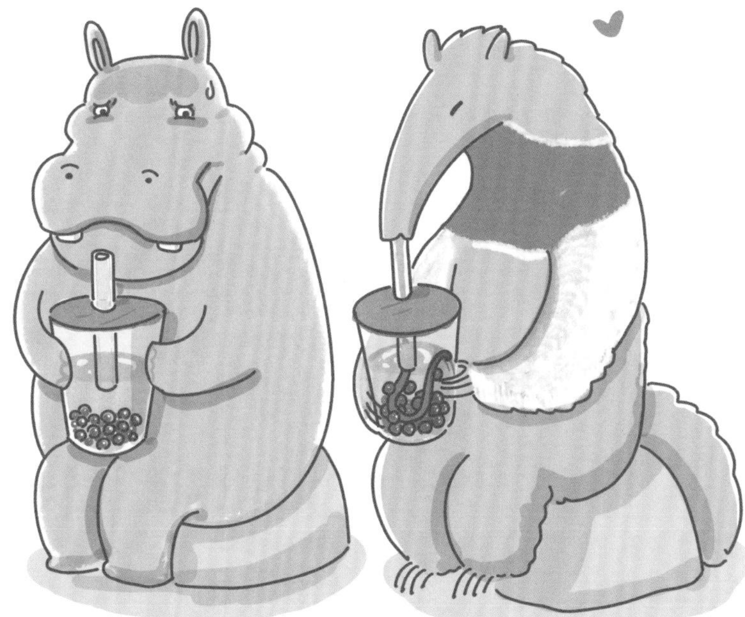

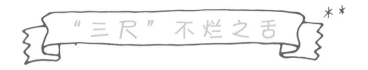

大食蚁兽的舌头
长达60厘米，
约体长的1/3或以上。

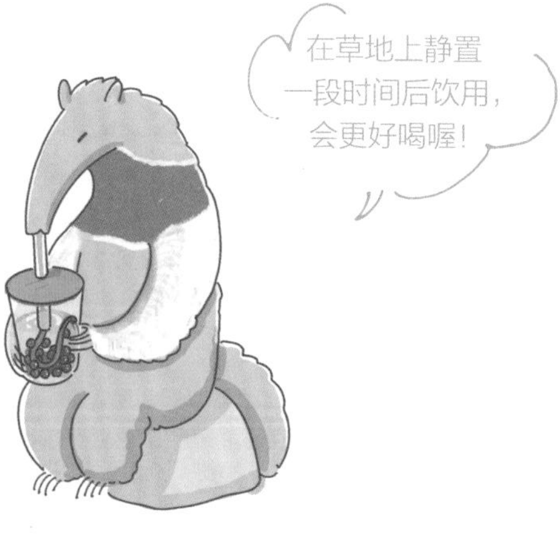
在草地上静置
一段时间后饮用，
会更好喝喔！

威风凛凛式

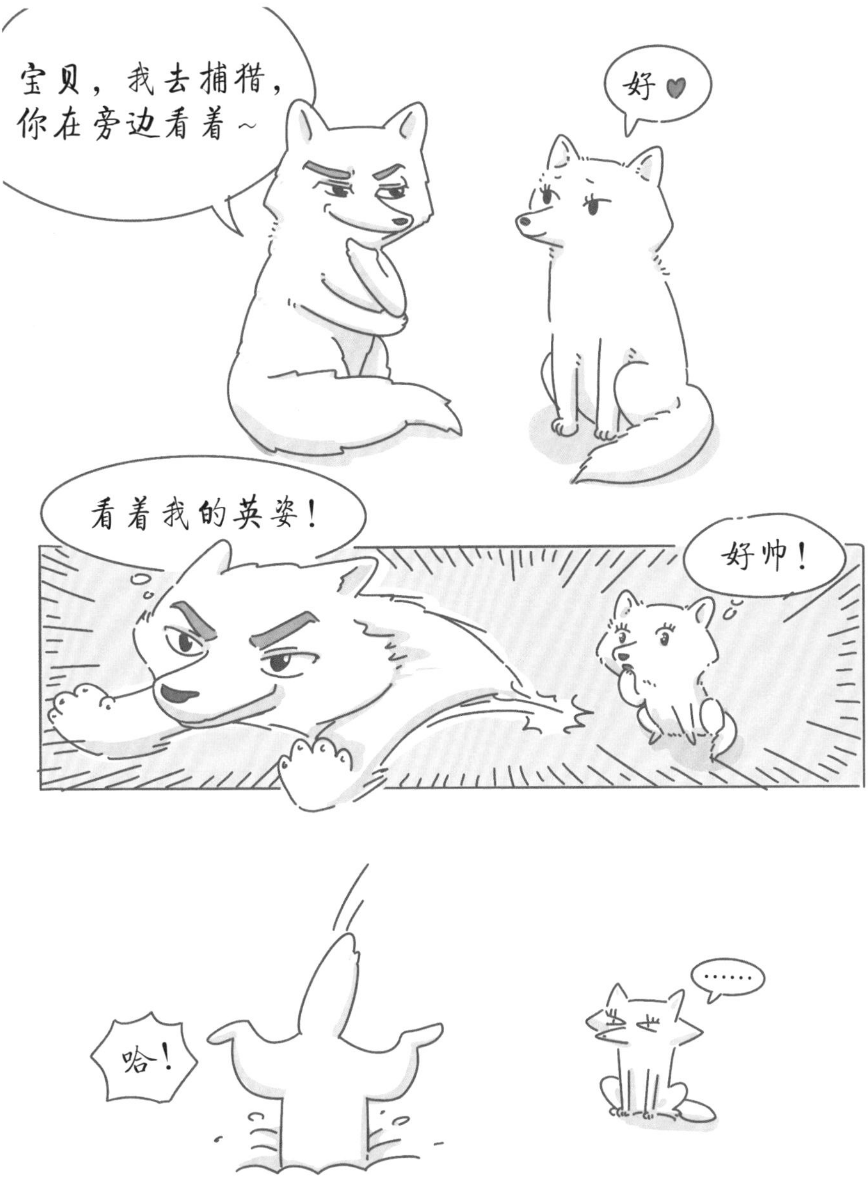

宝贝，我去捕猎，
你在旁边看着~
好♥
看着我的英姿！
好帅！
哈！
……

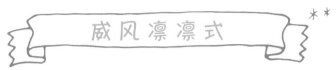

北极狐什么都吃，鱼、鸟、青蛙、海豹，等等，它们也能靠着敏锐的嗅觉，搜索积雪下方的动物，譬如旅鼠，并一头扎进雪里猎食。

3 出糗的时候，试着保持微笑

免费上网

横向的蛛丝有黏液，
蜘蛛自己是走
没有黏液的纵向丝。

花言巧语

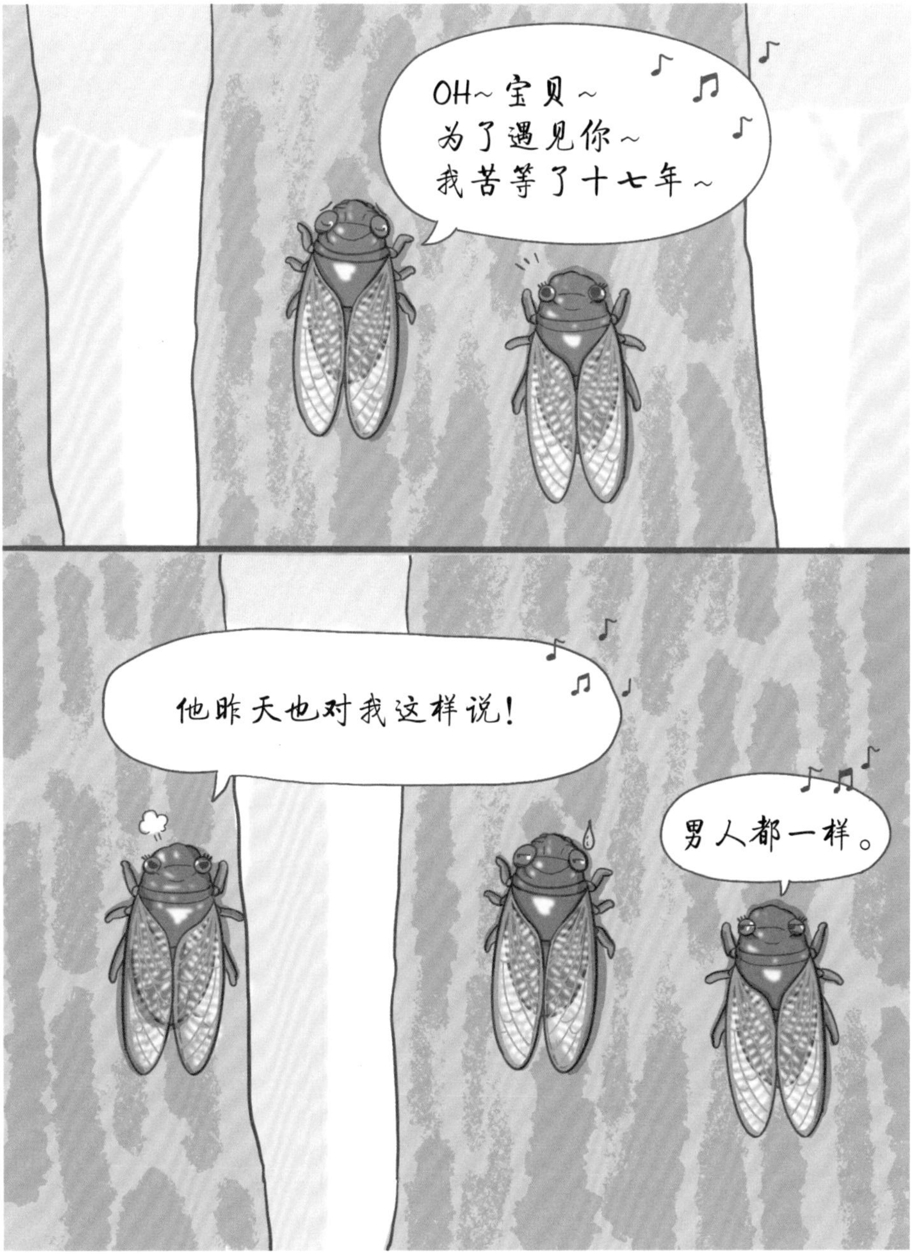
OH~宝贝~
为了遇见你~
我苦等了十七年~
他昨天也对我这样说!
男人都一样。

周期蝉生命
周期都是质数，
13年或17年。

一颗永流传

萤火虫用发光来
求偶和沟通。

西施捧心

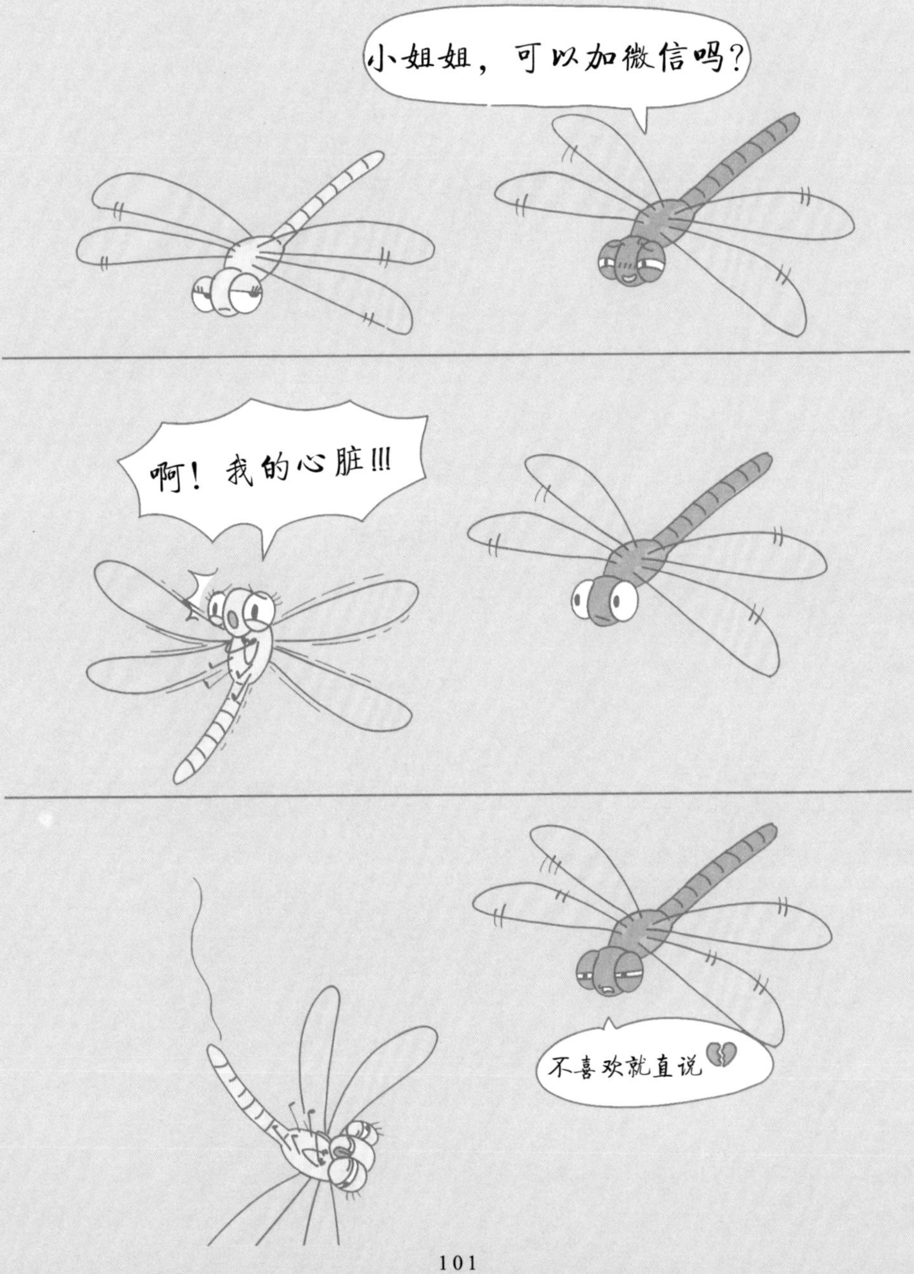
小姐姐，可以加微信吗？
啊！我的心脏!!!
不喜欢就直说

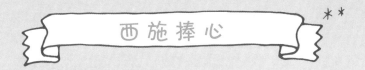

母蜻蜓会装死，
来躲避异性追求。

乌鸦喝水

乌鸦的智力和4岁
的小孩差不多。

中看不中用

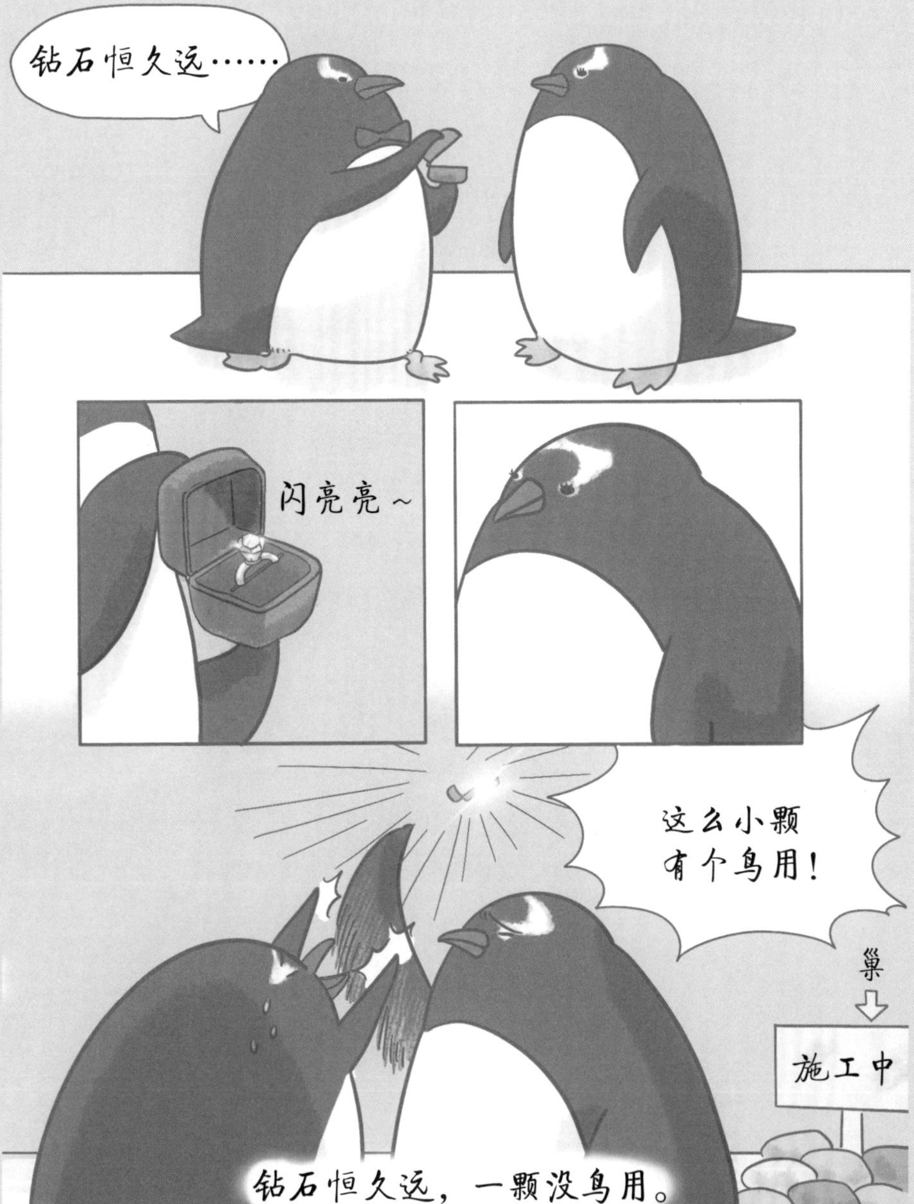
钻石恒久远……
闪亮亮~
这么小颗
有个鸟用！
巢
施工中
钻石恒久远，一颗没鸟用。

公企鹅会送母企鹅
用来筑巢的石头，
以赢得母企鹅
的芳心。

壁咚

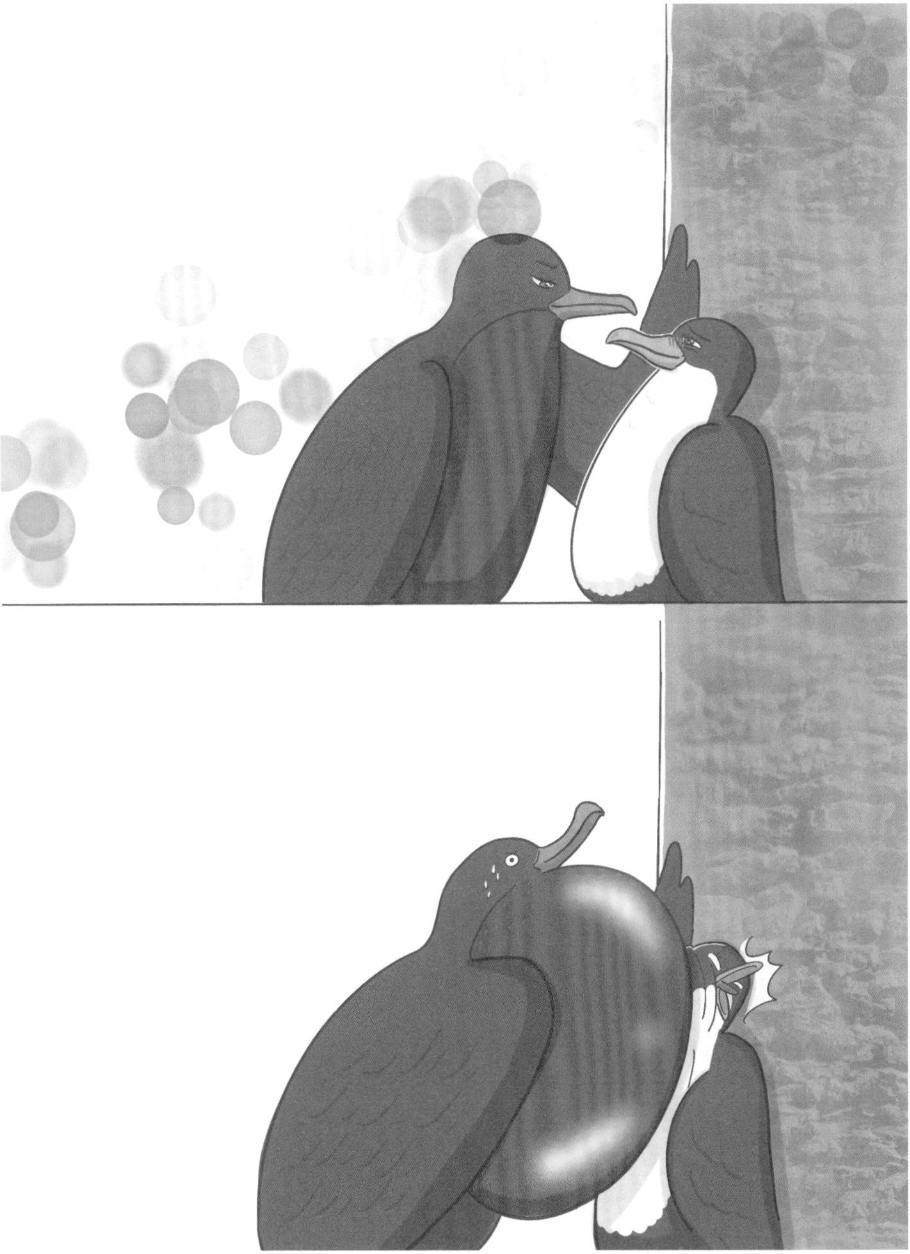

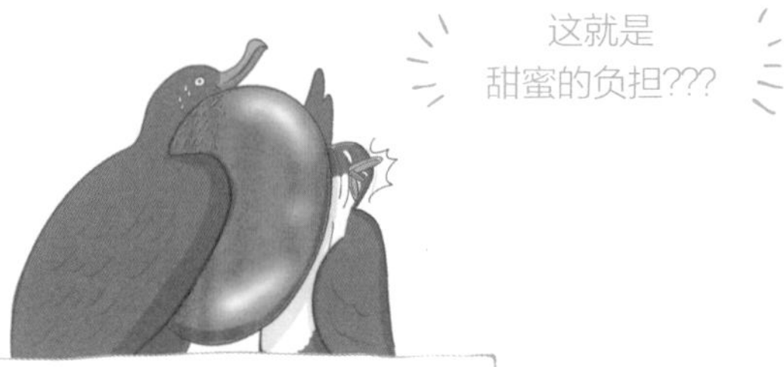

雄军舰鸟在求偶
的时候会鼓起
鲜红的喉囊。

我不是故意的

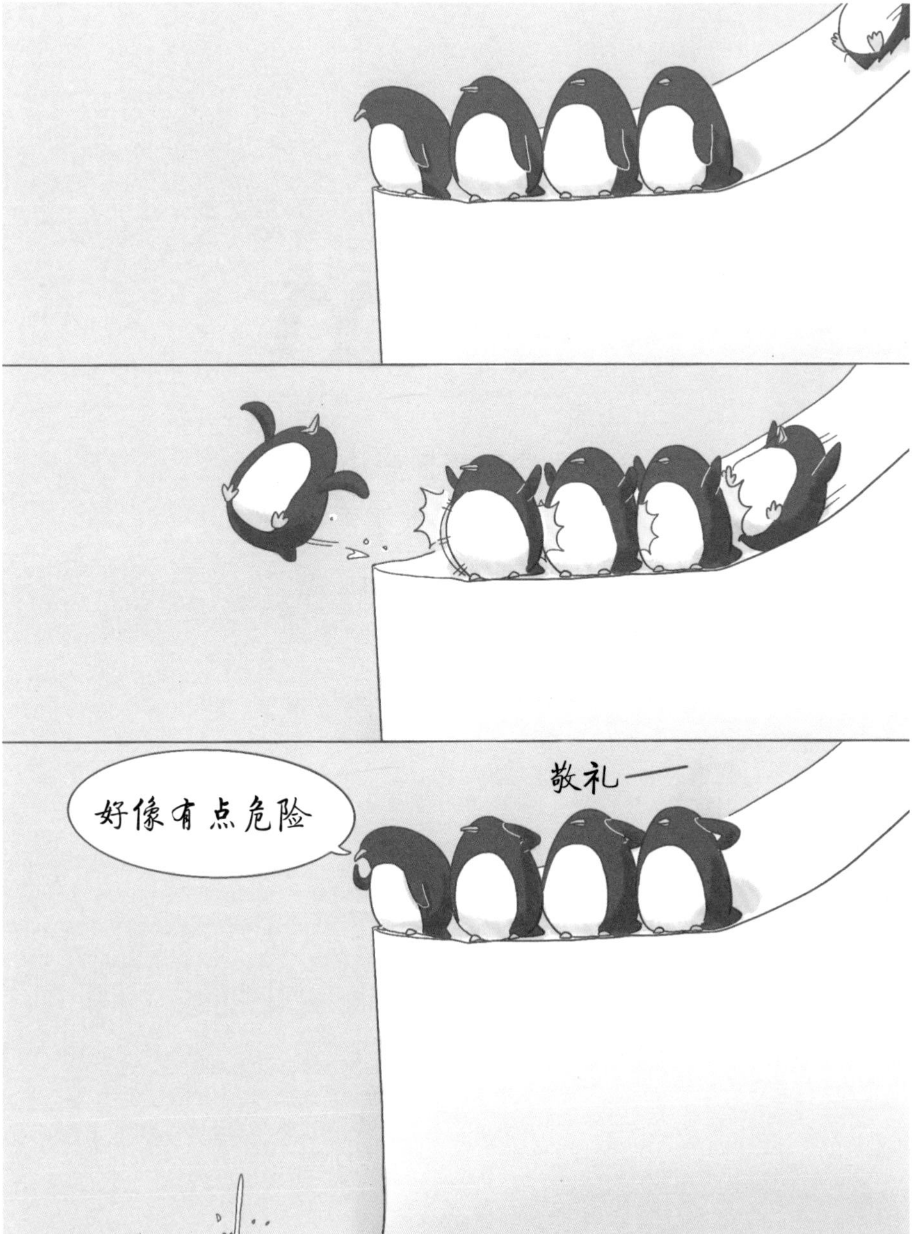

企鹅会聚集在岸边，
等有同伴下水了再
评估要不要跟进。

过载

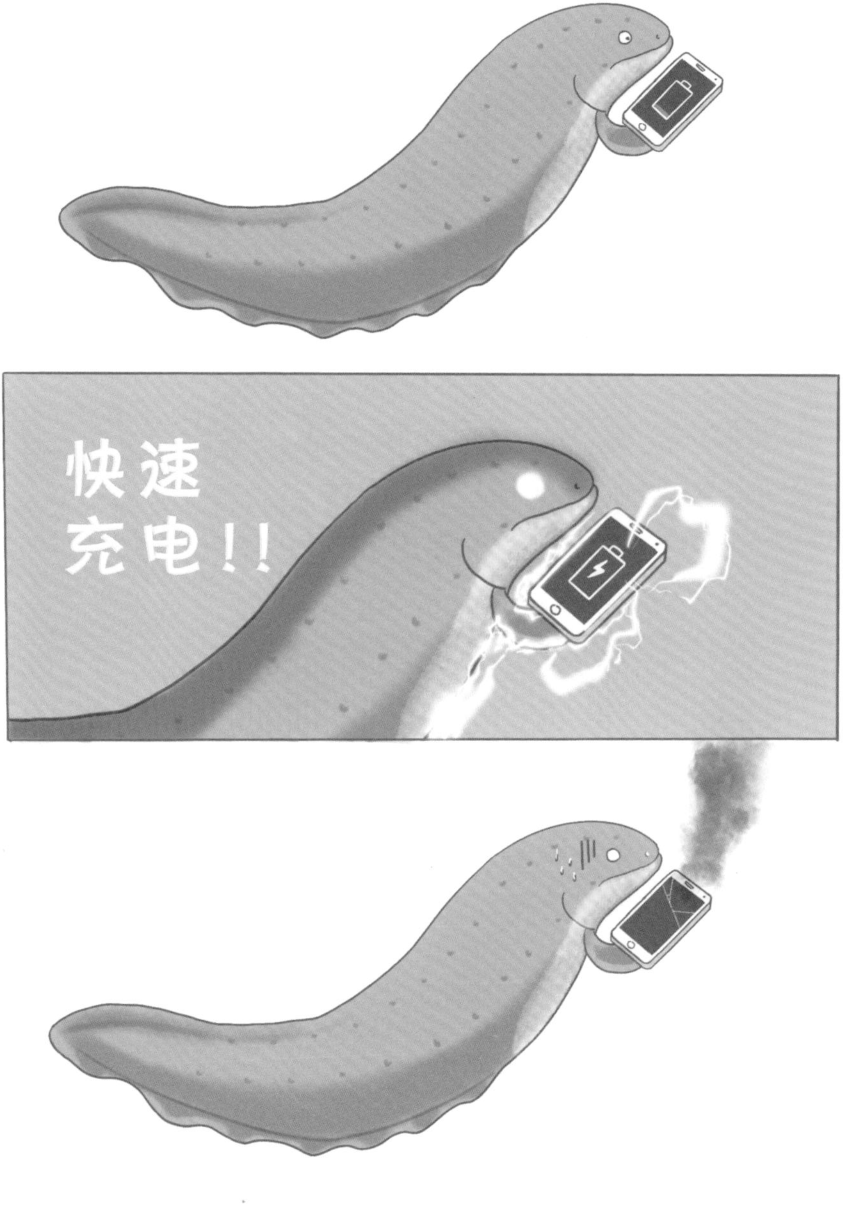

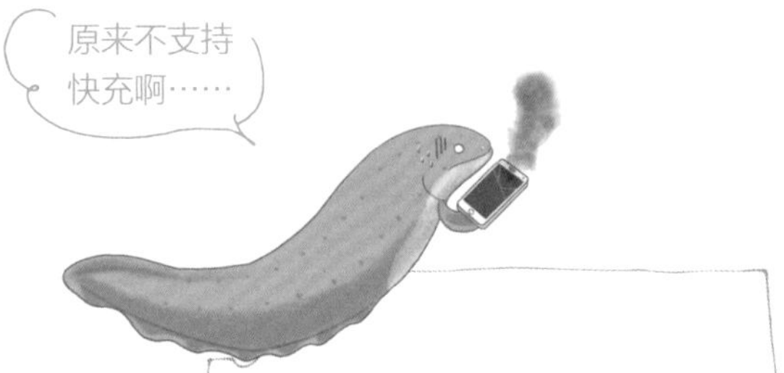

单只电鳗
可释放
600 ~ 860伏
的电压。

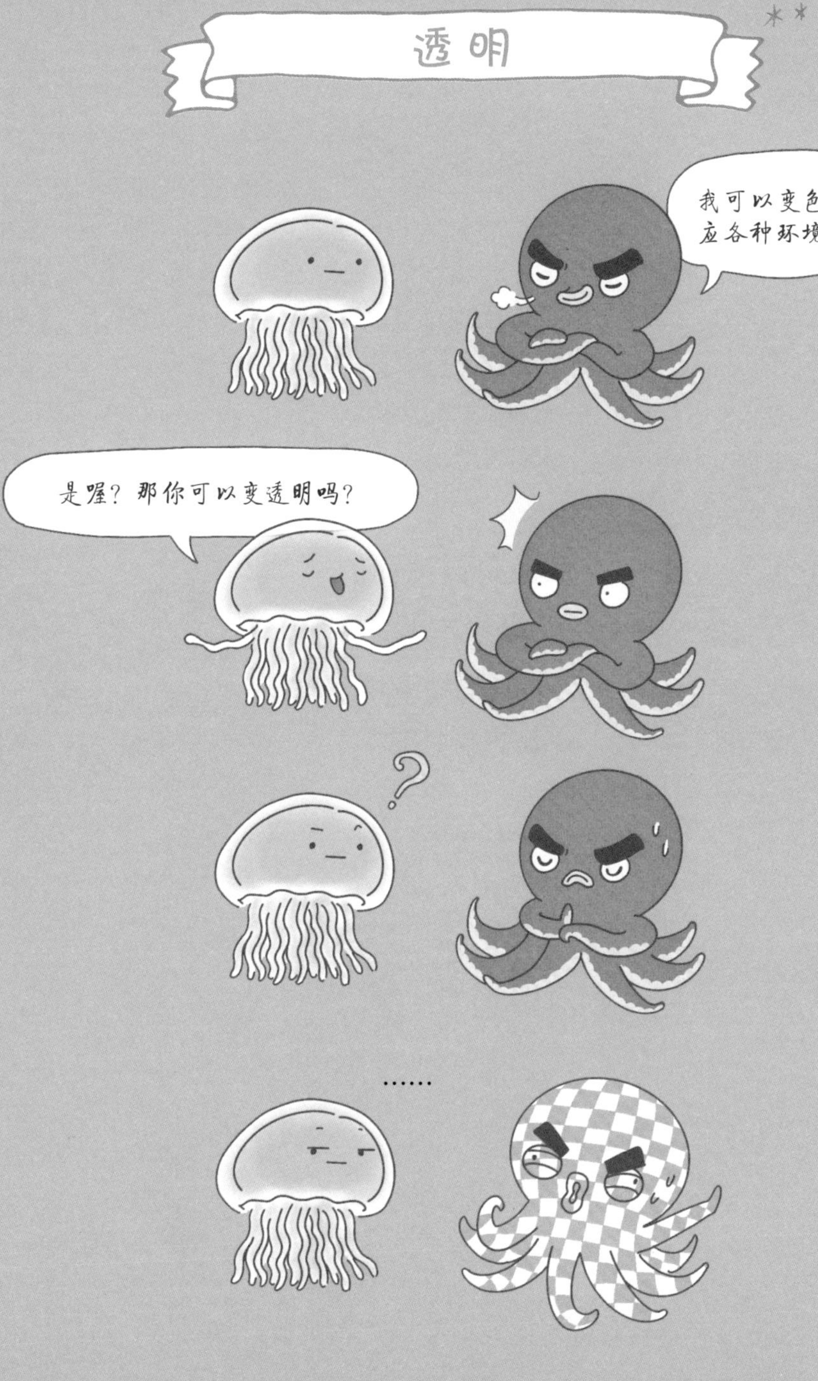
透明
我可以变色来适应各种环境！
是喔？那你可以变透明吗？
……

章鱼是自然界的
变装大王，
可以依据环境改变
形状和体色。

内马尔

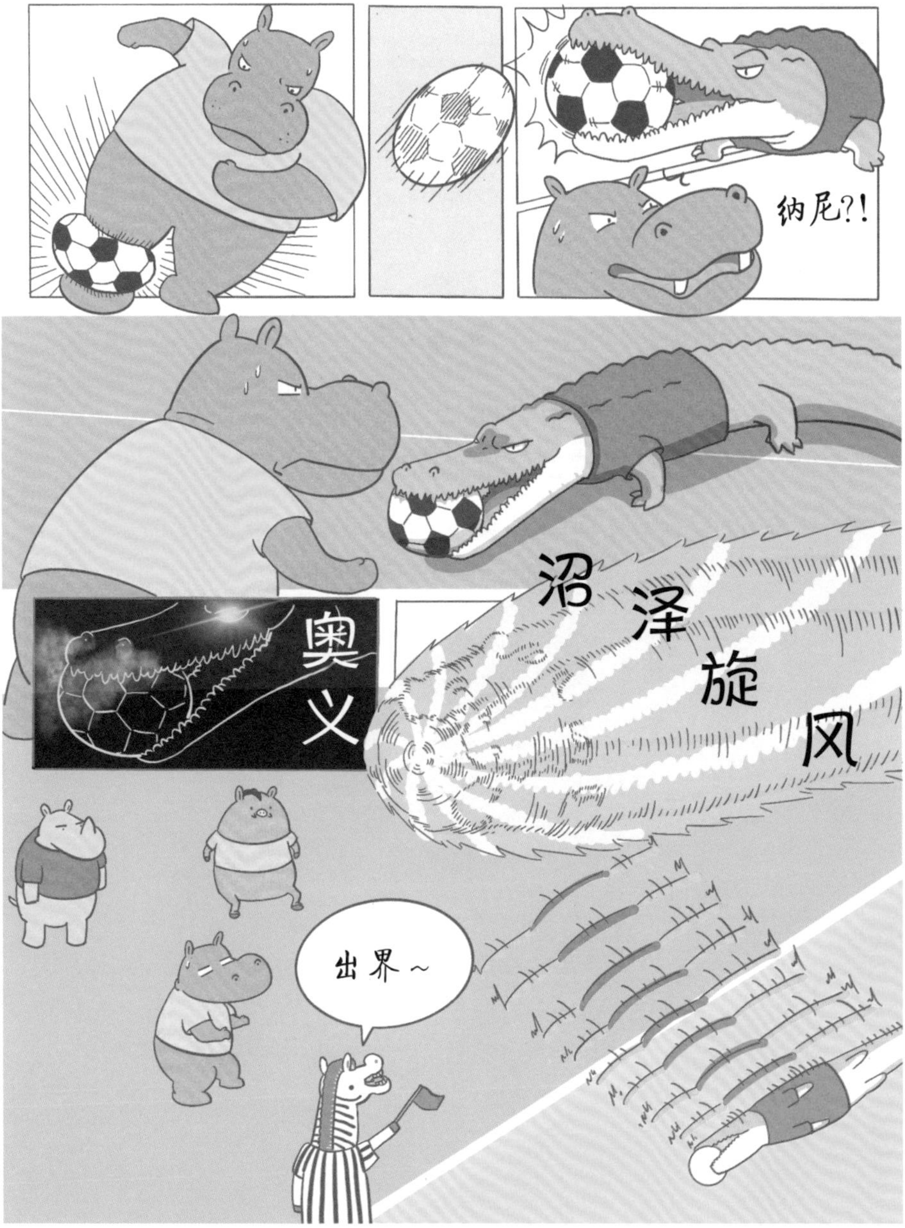

〈注〉内马尔，巴西足球明星。

鳄鱼在咬住大型猎物时会不断旋转以撕裂猎物，像足球大小的猎物则会直接吞下肚。

想太多

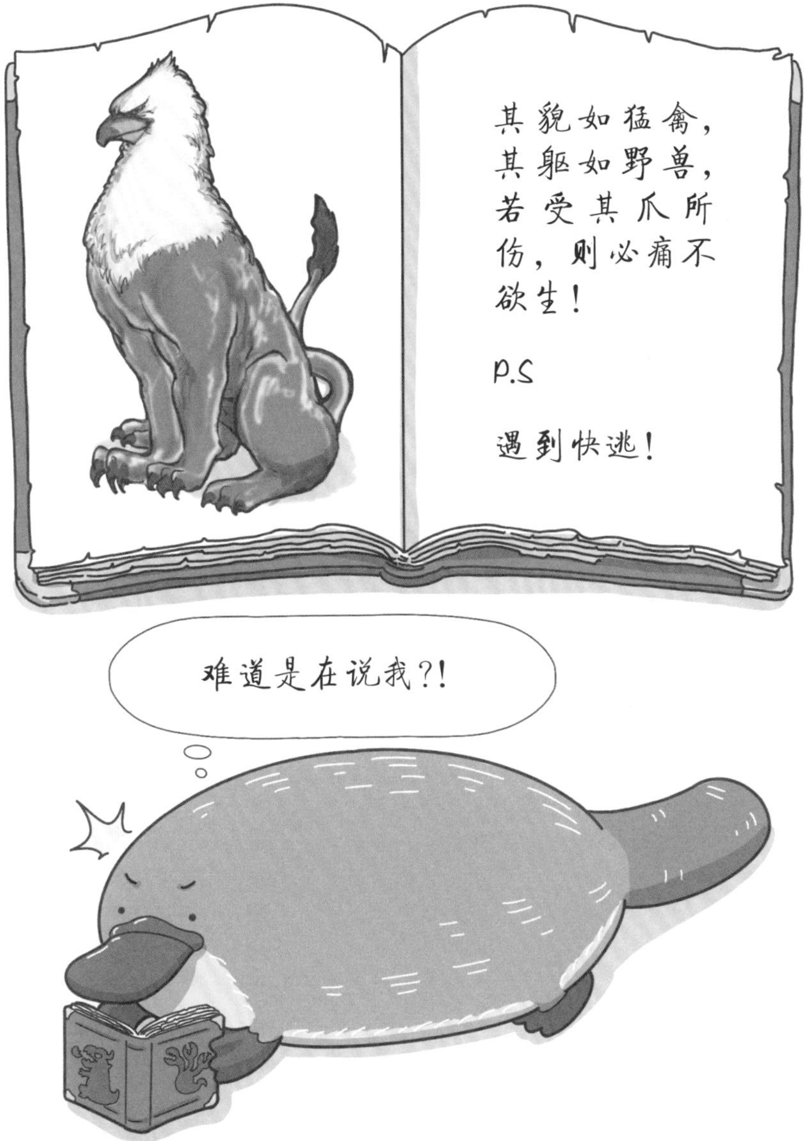
其貌如猛禽，
其躯如野兽，
若受其爪所
伤，则必痛不
欲生！
P.S
遇到快逃！
难道是在说我?!

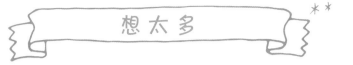

雄鸭嘴兽的后脚
有毒刺。

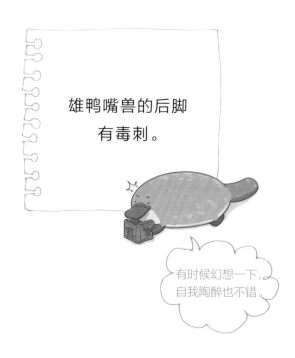

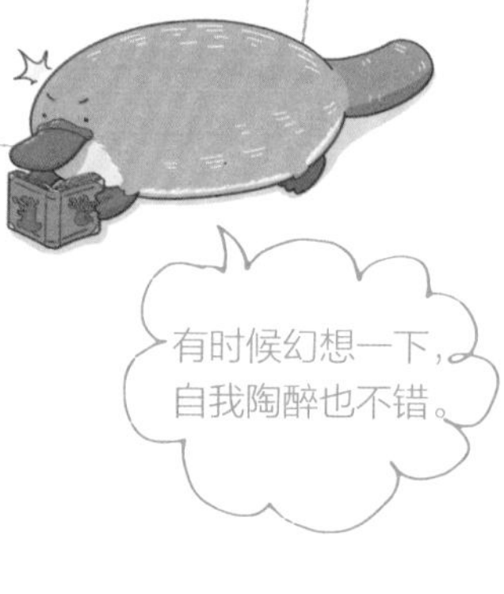
有时候幻想一下，
自我陶醉也不错。

条码

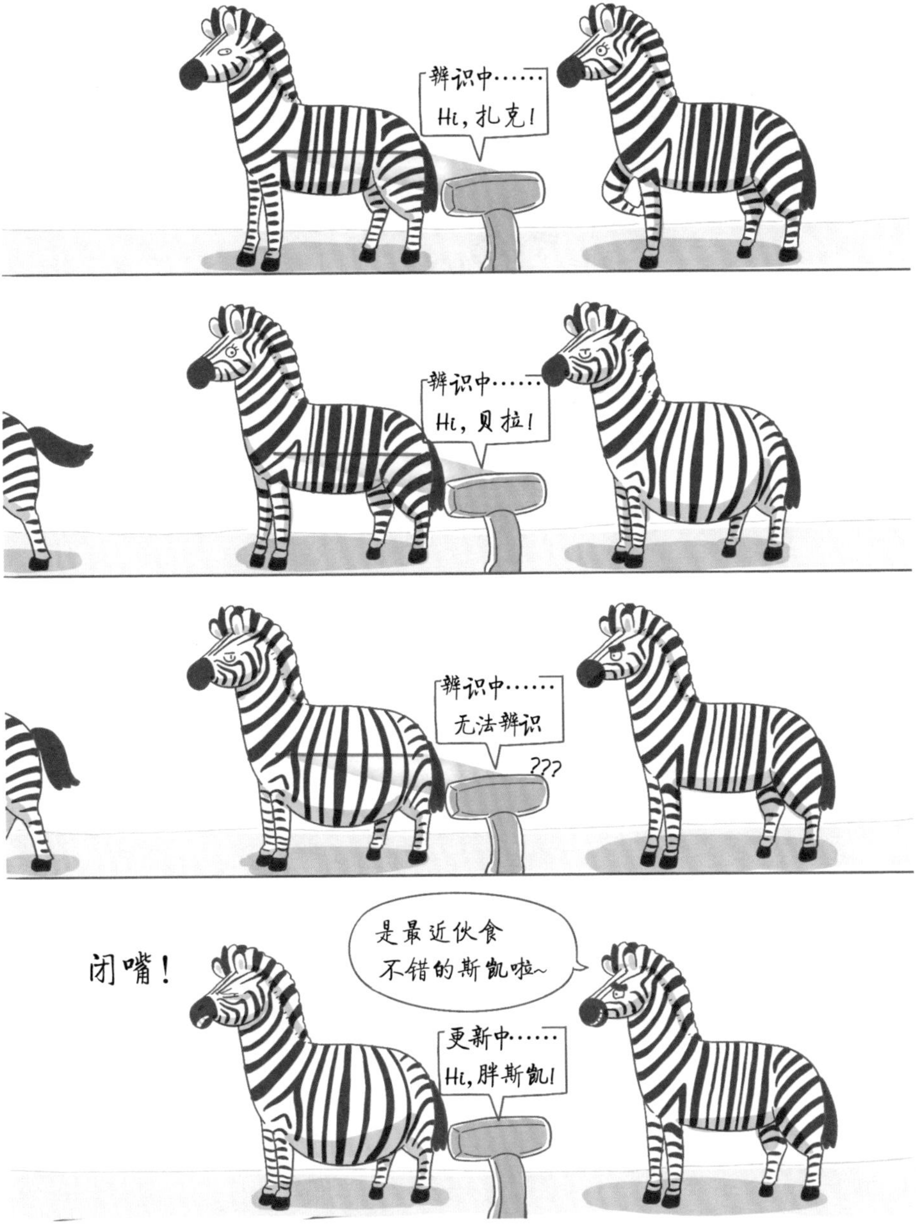
辨识中……
Hi，扎克！
辨识中……
Hi，贝拉！
辨识中……
无法辨识
???
是最近伙食
不错的斯凯啦~
闭嘴！
更新中……
Hi，胖斯凯！

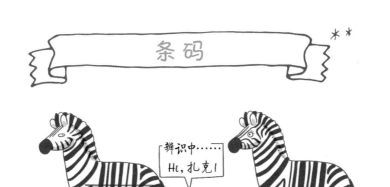

每只斑马的条纹
都是独特的。

事情大了

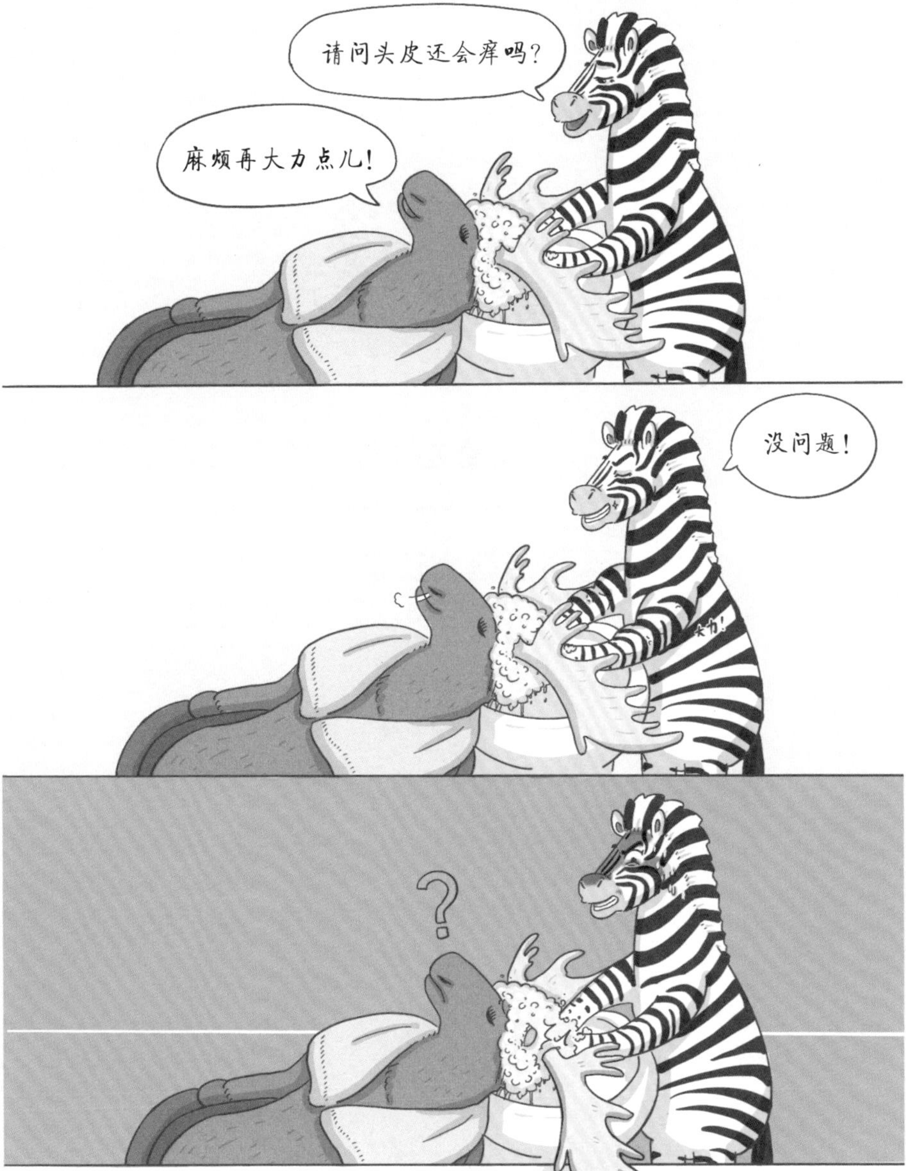
请问头皮还会痒吗？
麻烦再大力点儿！
没问题！
大力！
？

雄性麋鹿的角
一般在交配季节
过后就会脱落。

厚脸皮

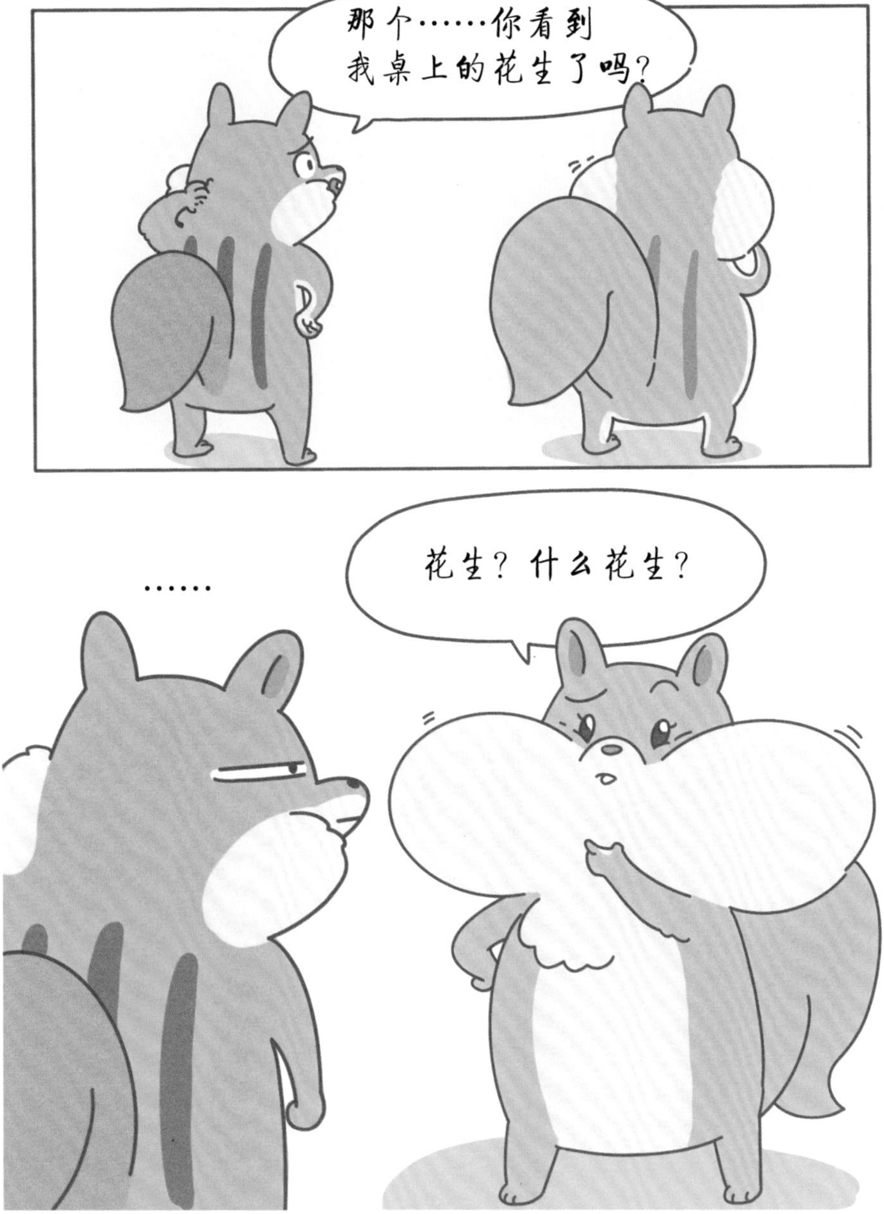
那个……你看到
我桌上的花生了吗？
……
花生？什么花生？

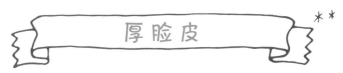

有些仓鼠的颊囊
可以扩张到
身体的1/3。

猪树不顺

野猪的弹跳力
意外地惊人。

玩笑

马来貘宝宝
生下来有着
西瓜斑纹，
四个月时会
完成换毛。

还是别知道比较好

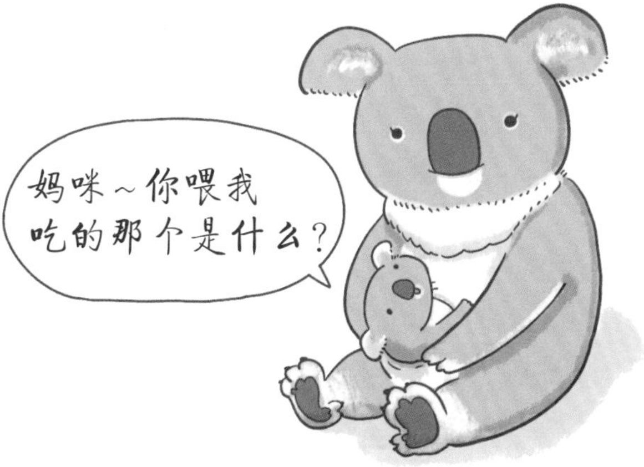
妈咪~你喂我吃的那个是什么？

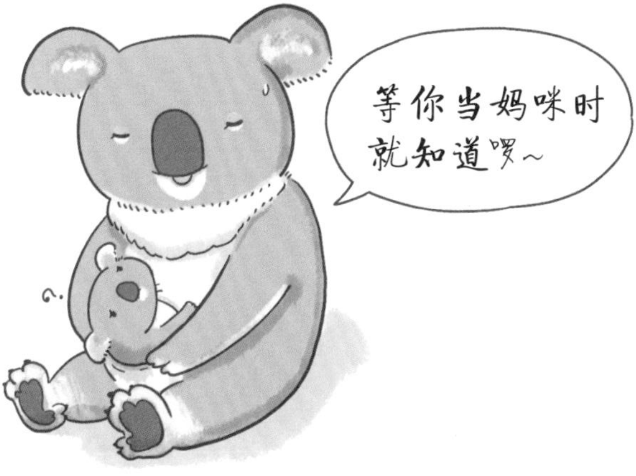
等你当妈咪时就知道啰~

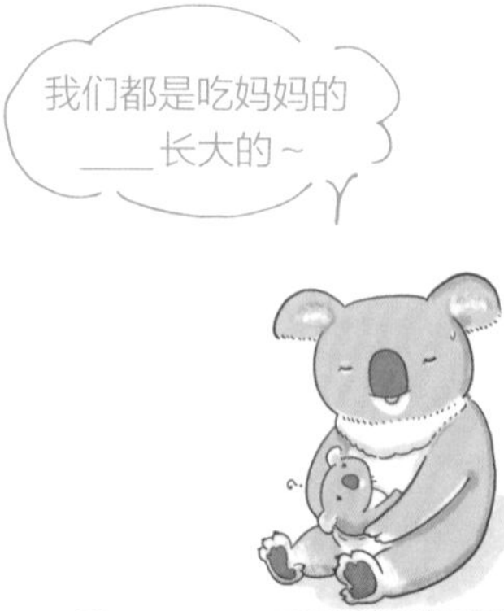
我们都是吃妈妈的
____长大的~

考拉（树袋熊）妈妈
会喂宝宝
吃自己的粪便。

快叫医生

在野外遇到熊，
装死可能没什么用。

如影随形

在草丛里，
谁都看不到我！

在你旁边，
谁都看不到！

超显眼！
他要蹲到什么时候?
谁知道

〈注〉这篇的灵感来自摄影师M ithun H的作品

黑豹不是单一物种，
是基因变异的黑化
美洲豹或花豹。

眼不见为净

耳廓狐超大的耳朵
可以在沙漠炎热的
高温下帮助其散热。

狼来了

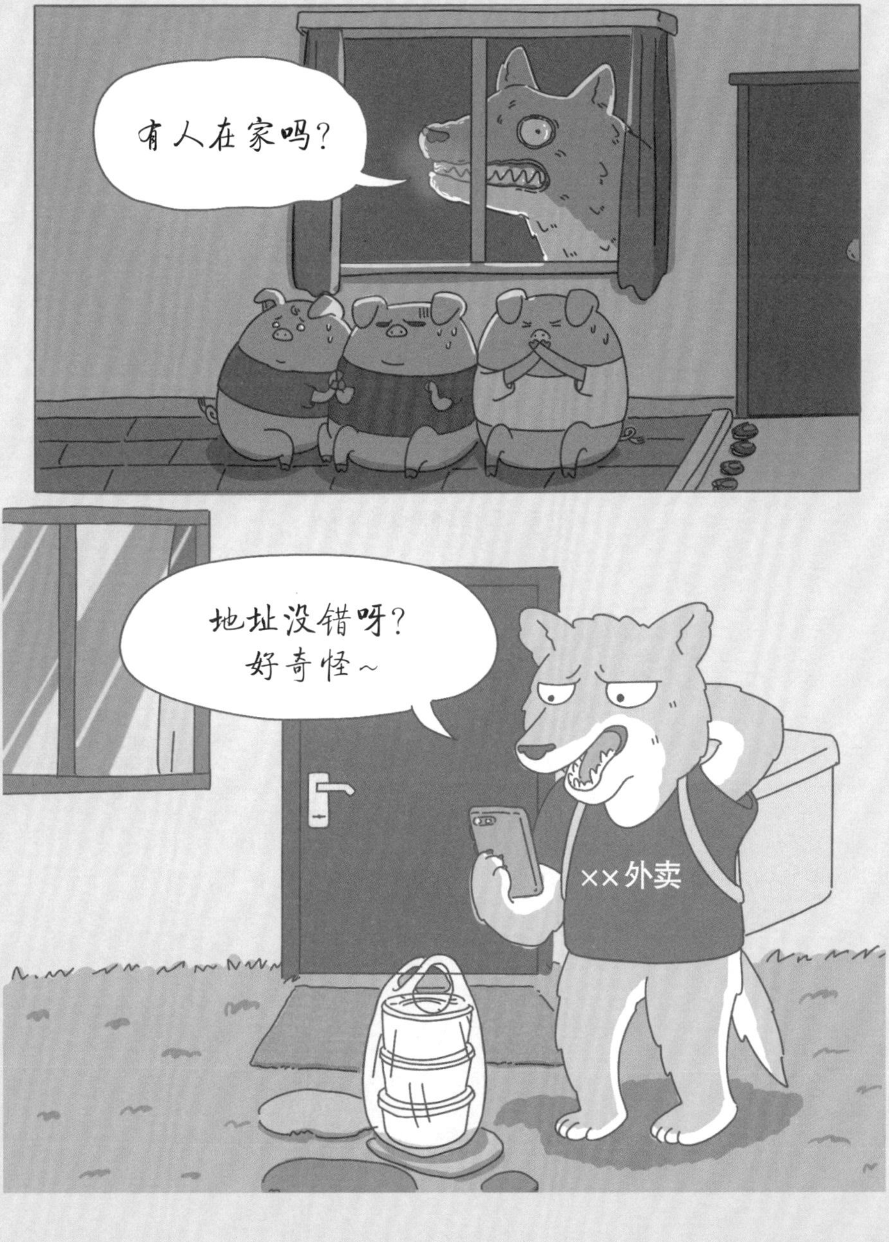
有人在家吗？
地址没错呀？
好奇怪~
××外卖

因为童话故事
的关系，
狼算是最常被误解
的动物。

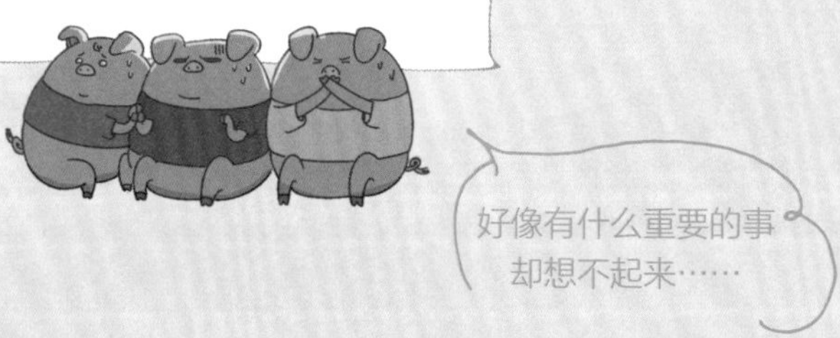
好像有什么重要的事
却想不起来……

线头

绵羊身上的羊毛
并不会因为
淋到雨而缩水。

4 心累的你，来点笑料吧！

卡拉不OK

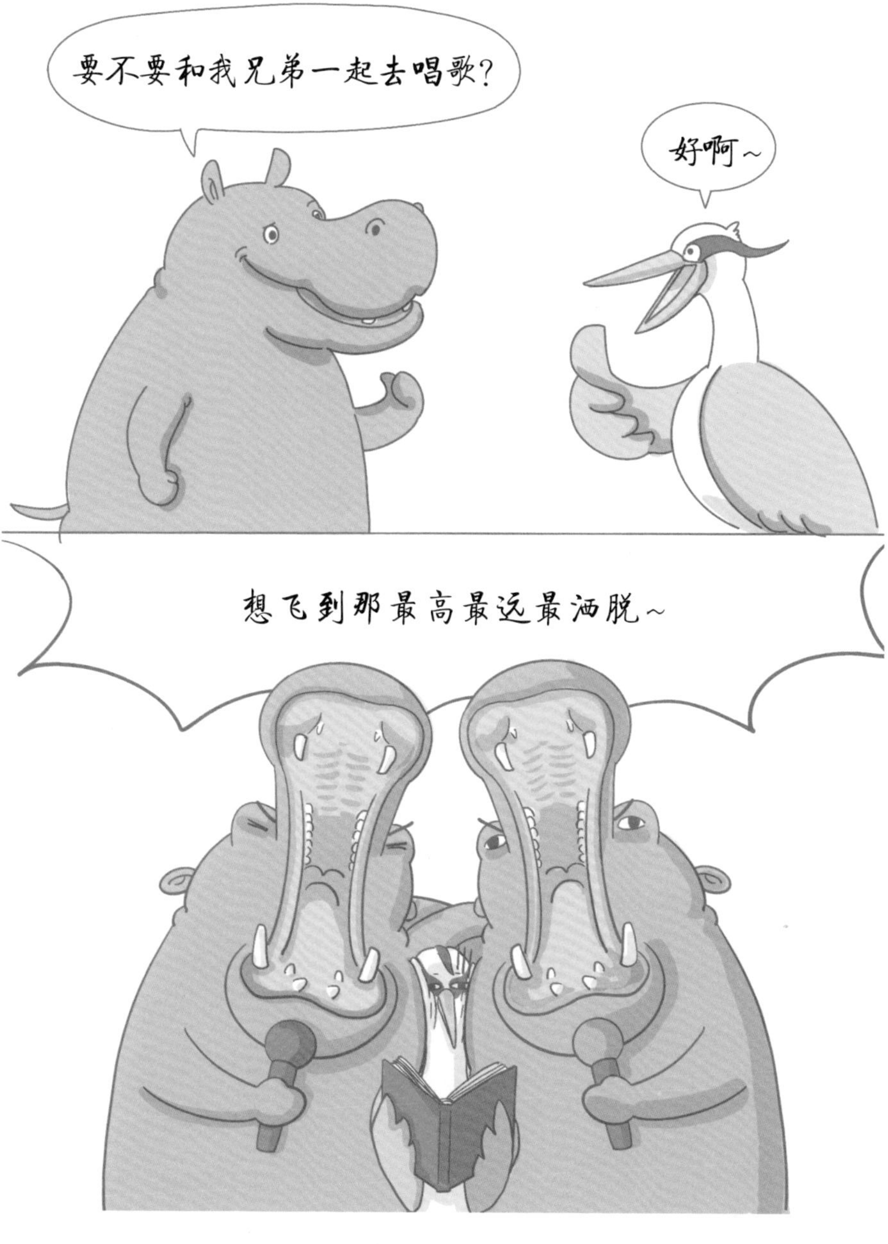
要不要和我兄弟一起去唱歌？
好啊~
想飞到那最高最远最洒脱~

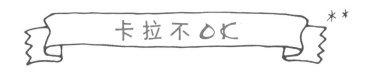

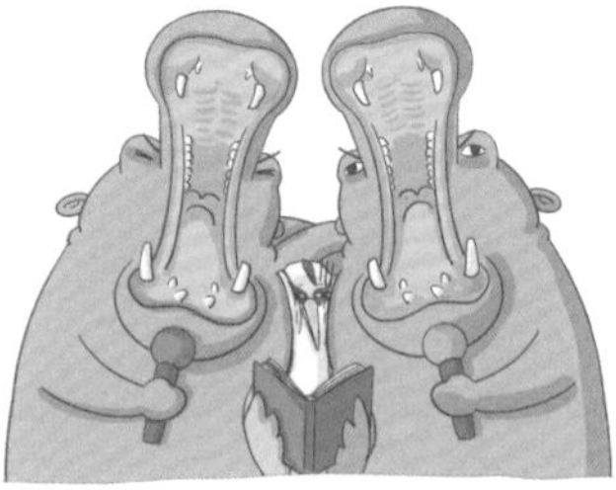

河马大嘴的咬合力
可达每平方厘米
125公斤。

蟾蜍王子

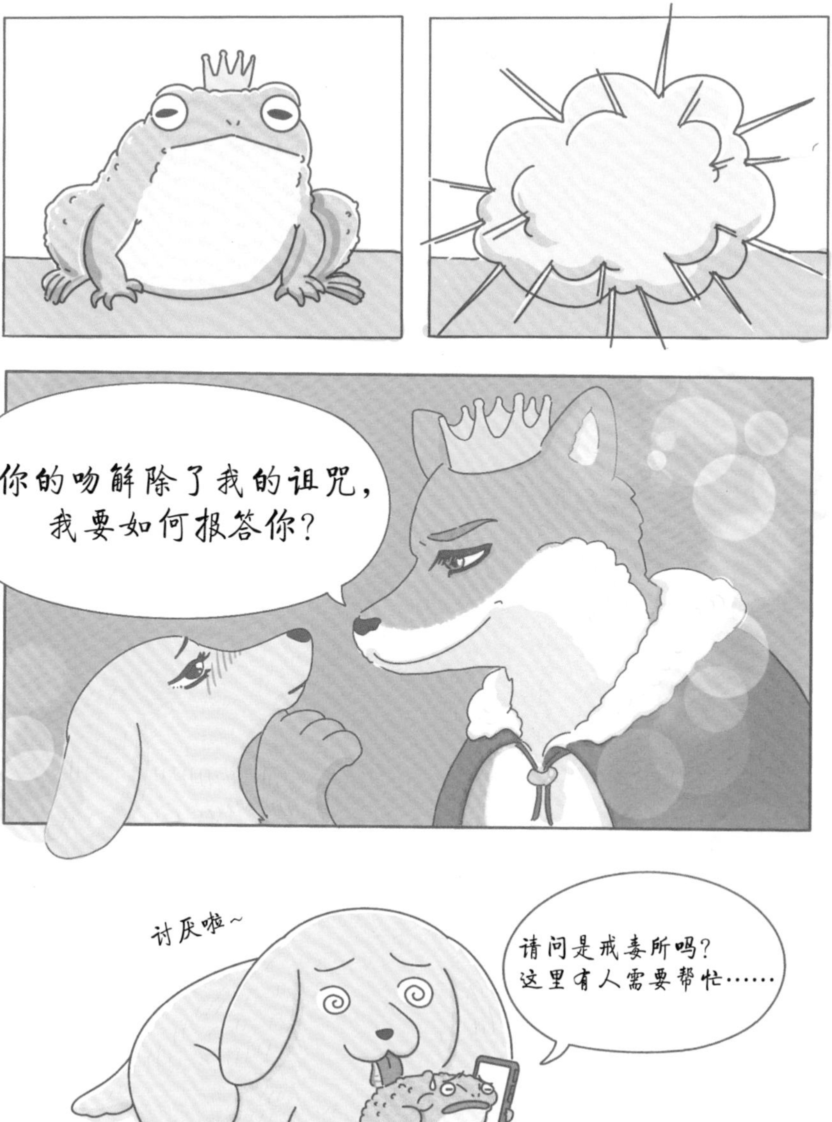
你的吻解除了我的诅咒，我要如何报答你？
讨厌啦～
请问是戒毒所吗？这里有人需要帮忙……

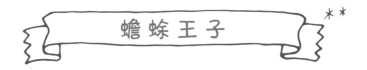

海蟾蜍（又称蔗蟾）会分泌蟾毒素（中药“蟾酥”的原料），舔过蟾蜍的狗狗会不幸产生毒瘾。

清蒸活鱼

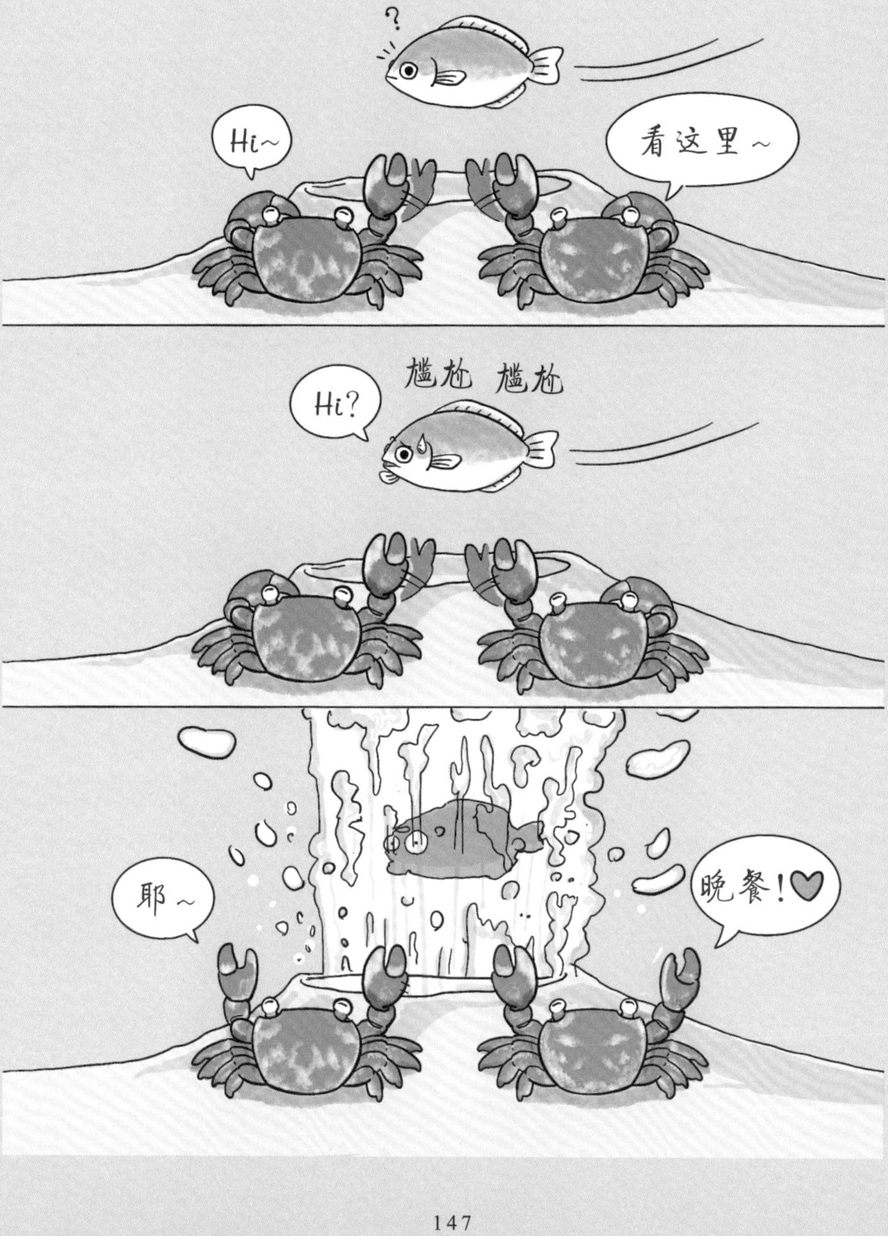

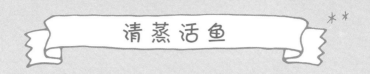

乌龟怪方蟹以吃
被浅海热泉烫死的
浮游生物为生。

掀桌啦！

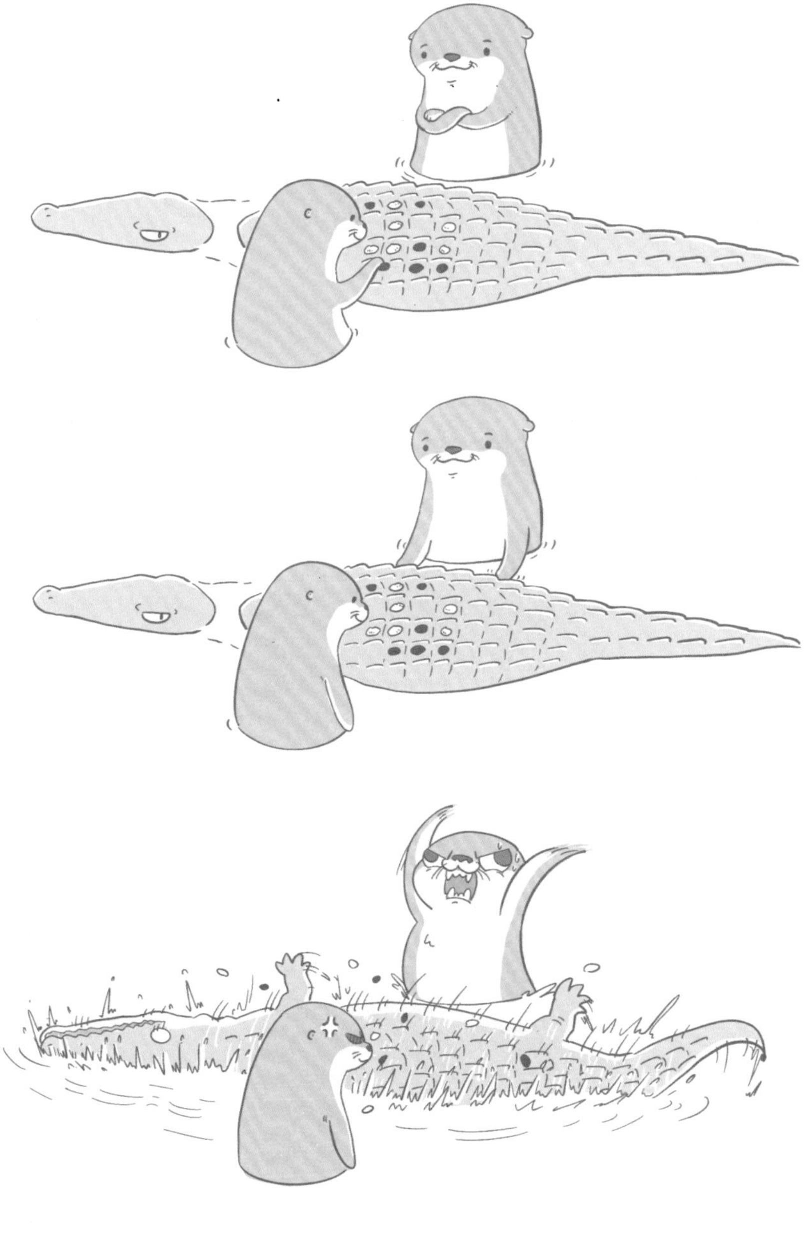

成年的江獭凶起来，
有时连鳄鱼
都不敢招惹它！

垂涎三平方米

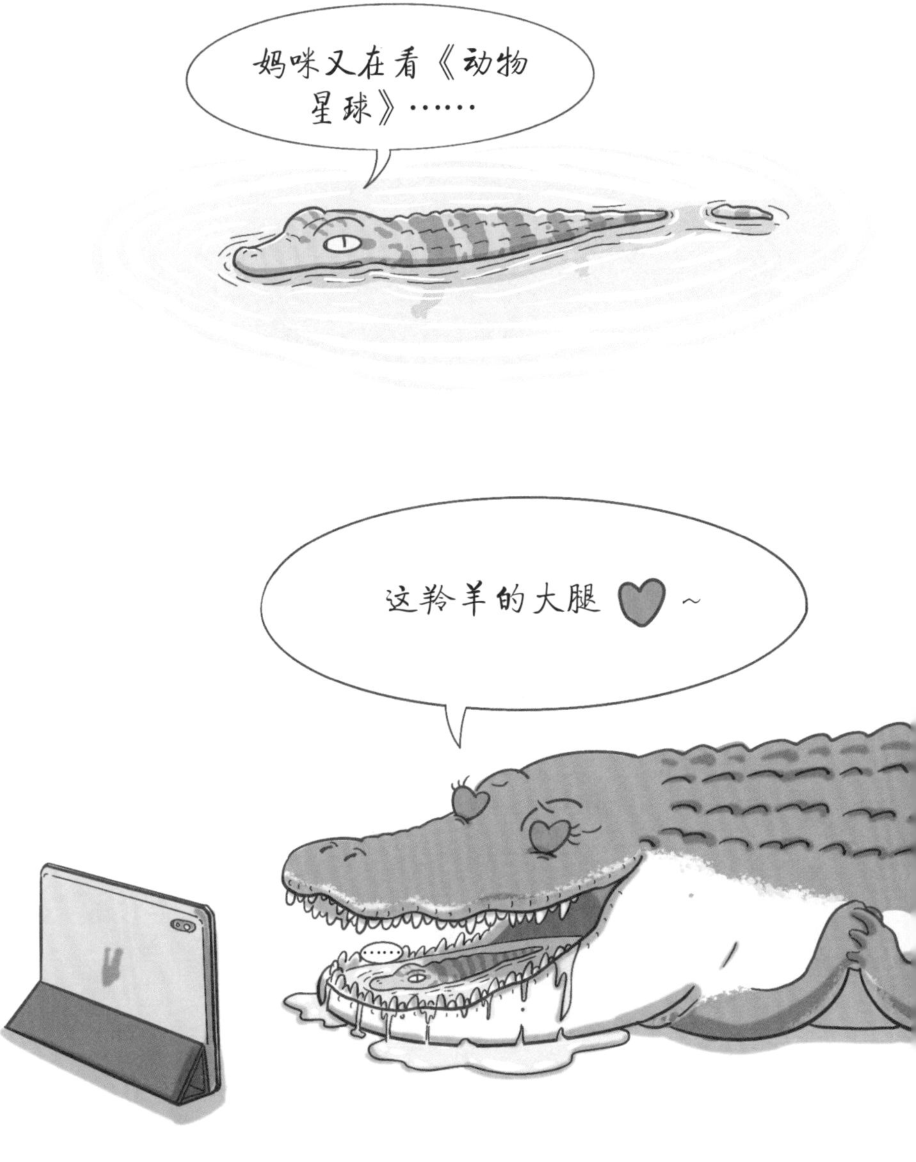
妈咪又在看《动物星球》……
这羚羊的大腿 ~
……

鳄鱼妈妈会将刚孵化的小鳄鱼含在嘴里，带到安全的地方再放下来。

（备注：是干干地含在嘴里。）

请穿上裤子

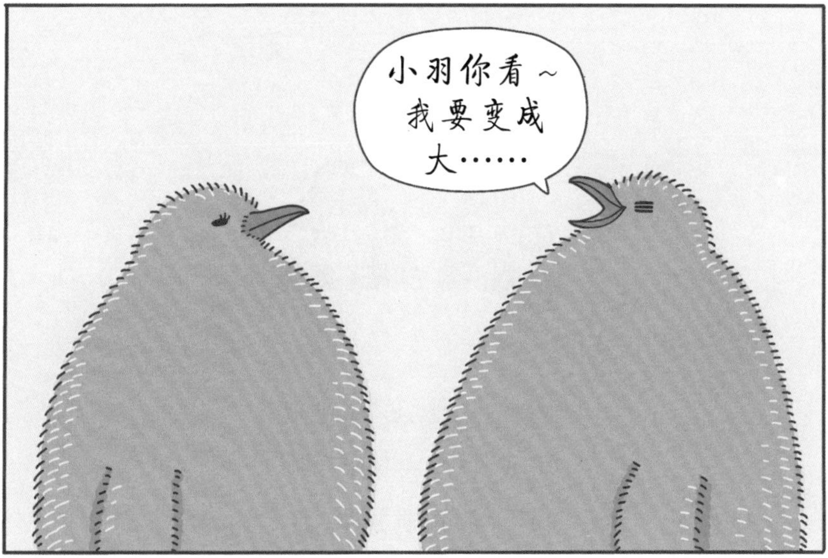

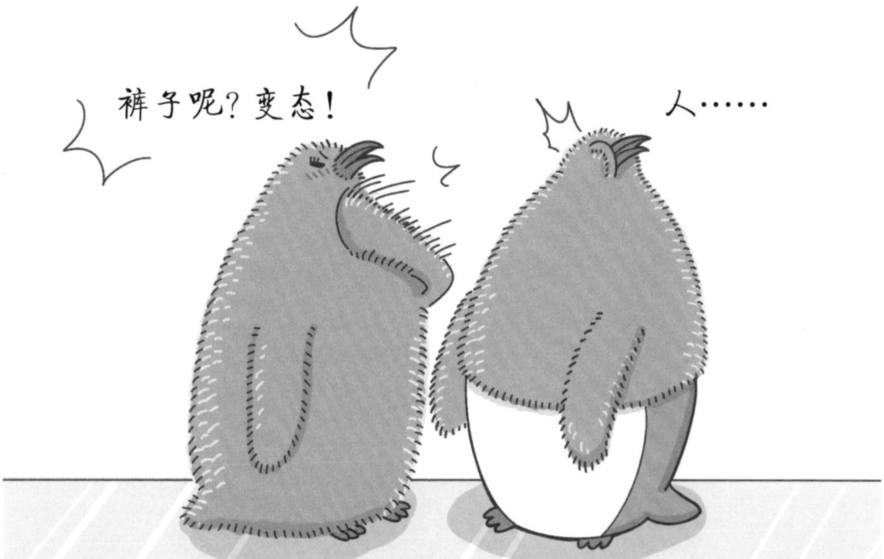

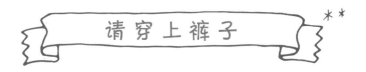

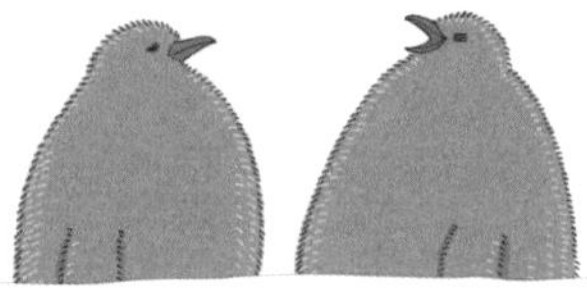

国王企鹅
向成年过渡的时期，
羽毛会不规则脱落。

电压

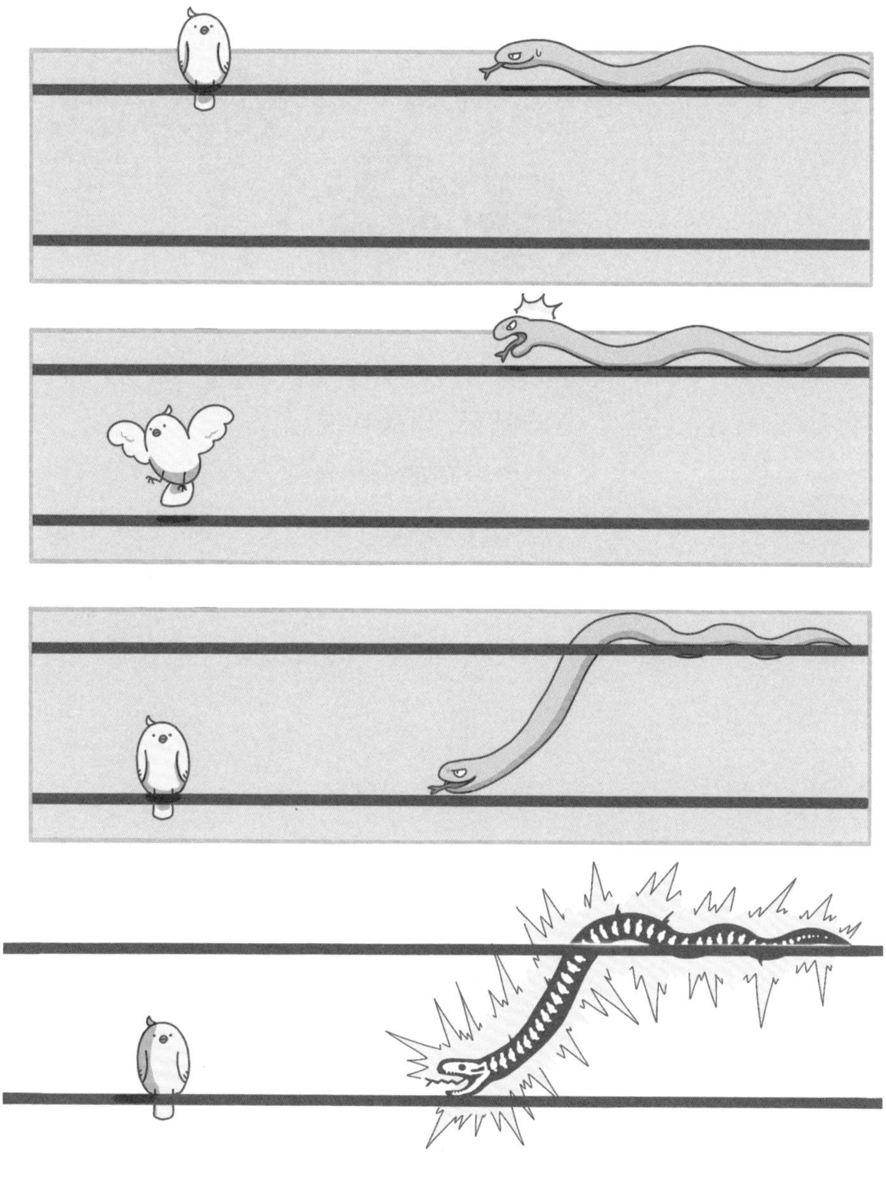

蛇类左右两边的下颚骨以韧带及肌肉相连，所以其下颚骨可以自由活动，吞食大型猎物。

小鸟站在一条电线上，没有电压，所以很安全。

忍者龟

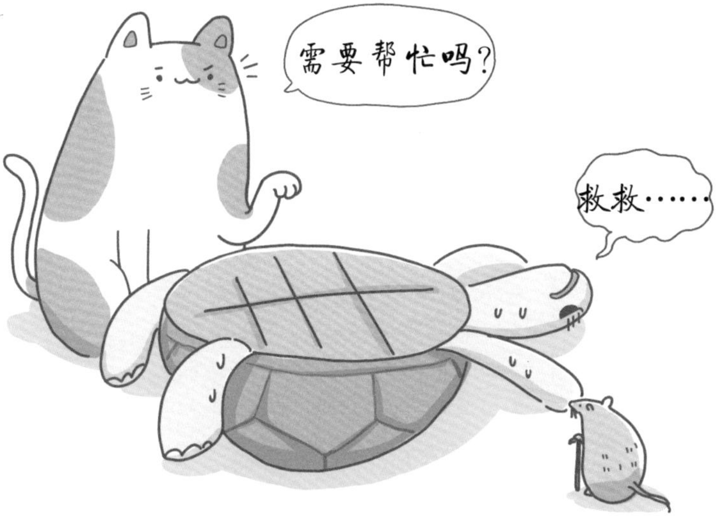

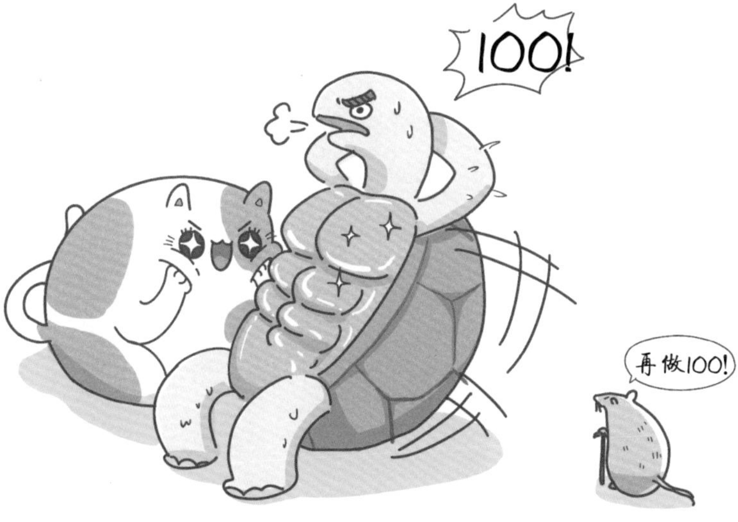

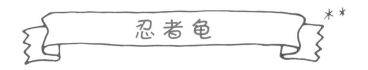

健康的乌龟
可以自己翻身。

传说中的狮子鬃毛

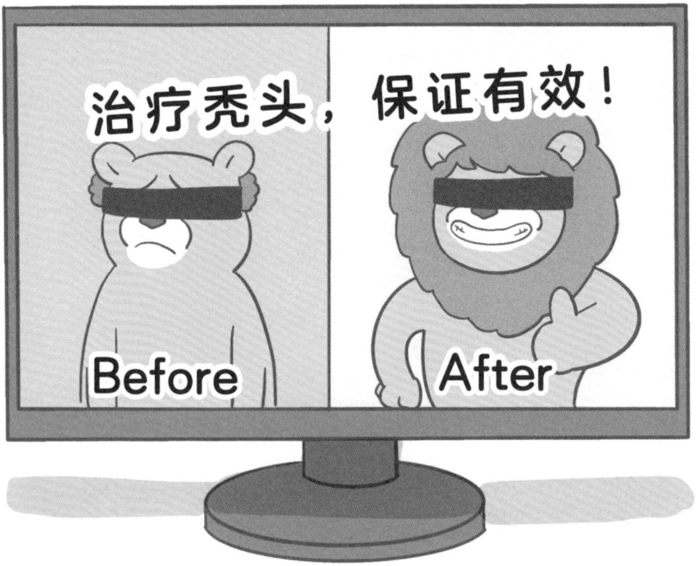
治疗秃头，保证有效！
Before
After

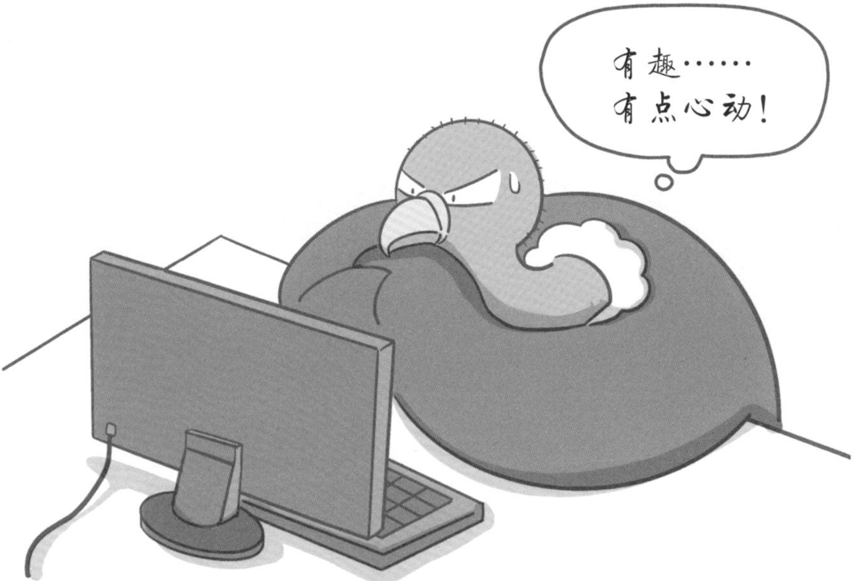
有趣……
有点心动！

秃鹰会把头插进
腐尸内进食，
秃头可以减低感染的
可能性。

告密者

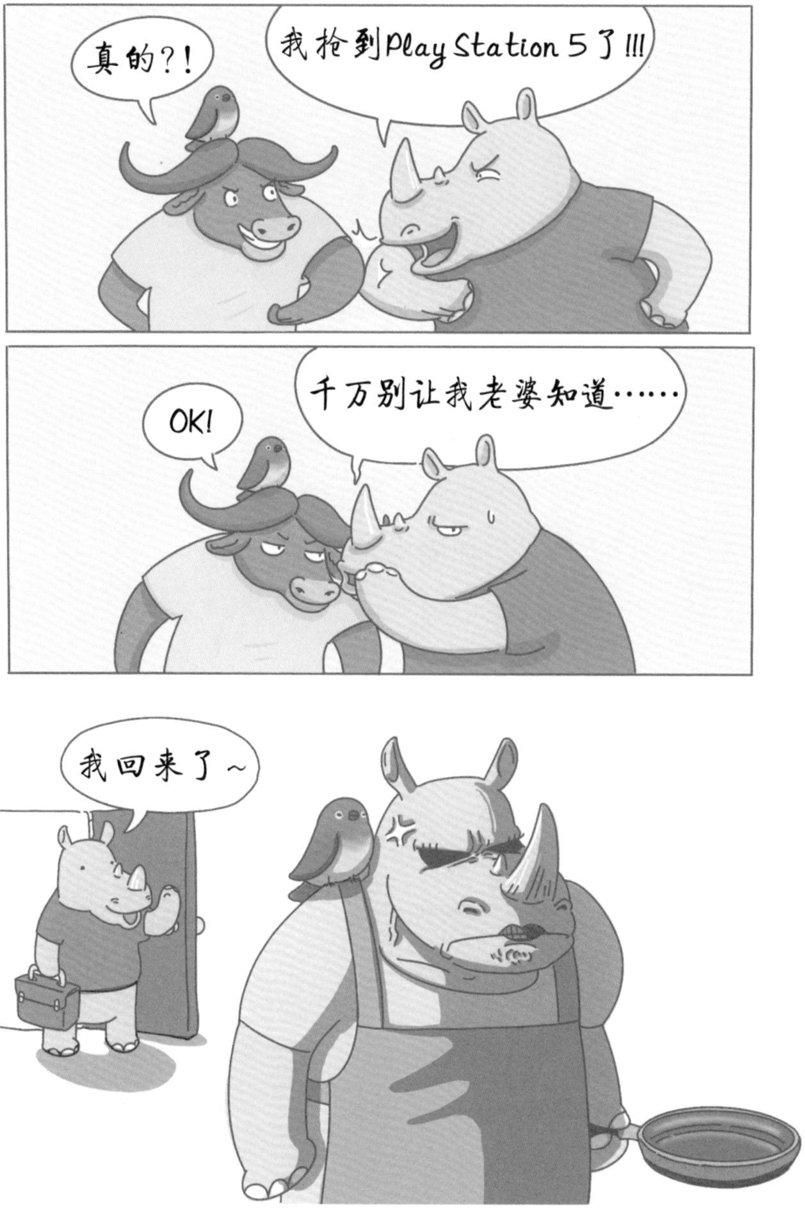
我抢到PlayStation 5了!!!
真的?!
千万别让我老婆知道……
OK!
我回来了~

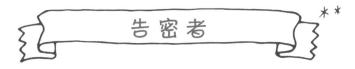

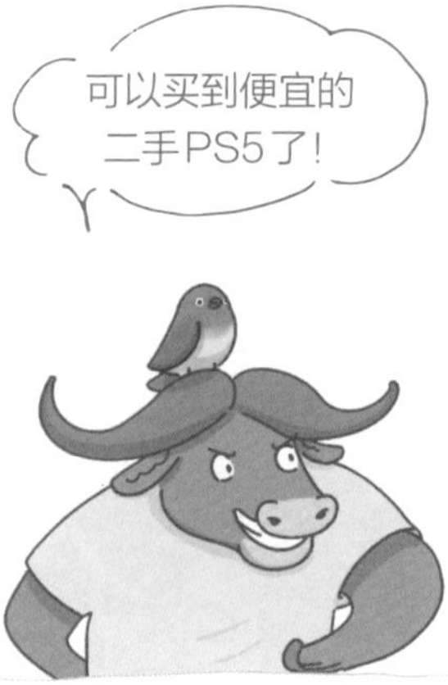
可以买到便宜的
二手PS5了!

牛椋鸟会替犀牛
注意掠食动物
并通风报信。

电蜂扇

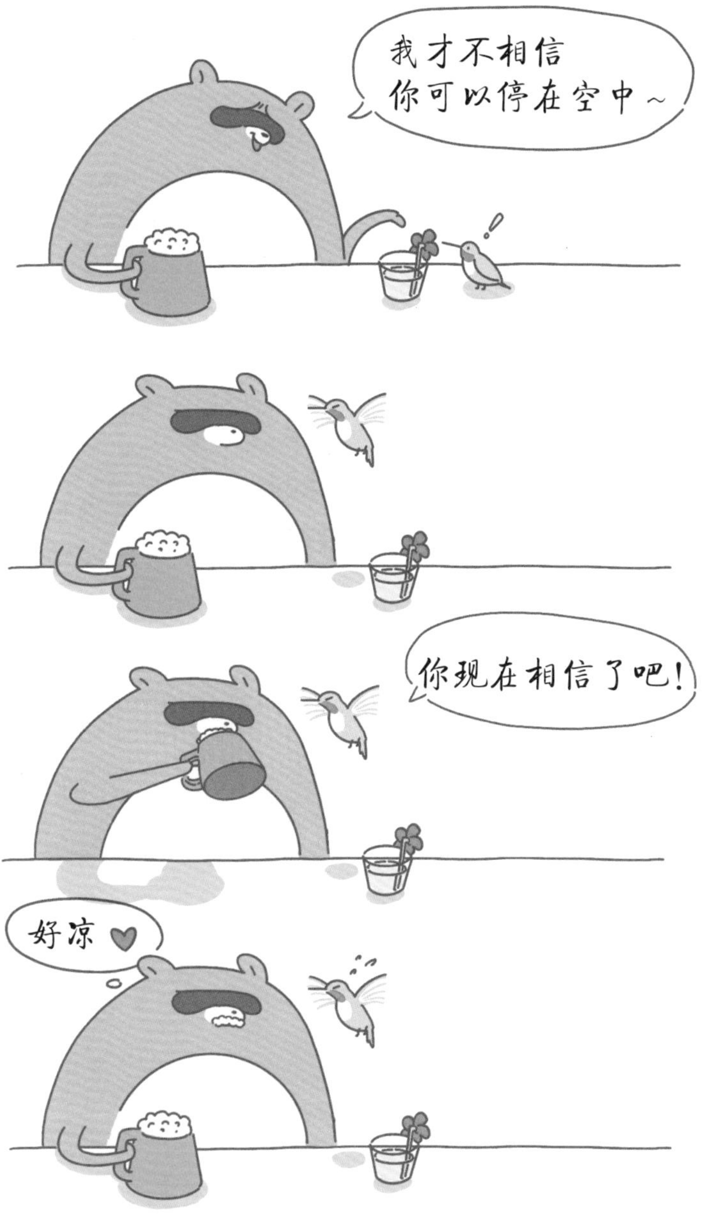
我才不相信
你可以停在空中~
你现在相信了吧!
好凉

蜂鸟可以
高速拍打翅膀，
让自己悬停在空中。

用力！

有些蝙蝠会在尿尿的
时候，从倒吊的姿势
换成吊单杠的样子。

恶魔风脚

羊驼可以有效地
驱逐入侵者，
是牧羊人的好帮手。

不求人

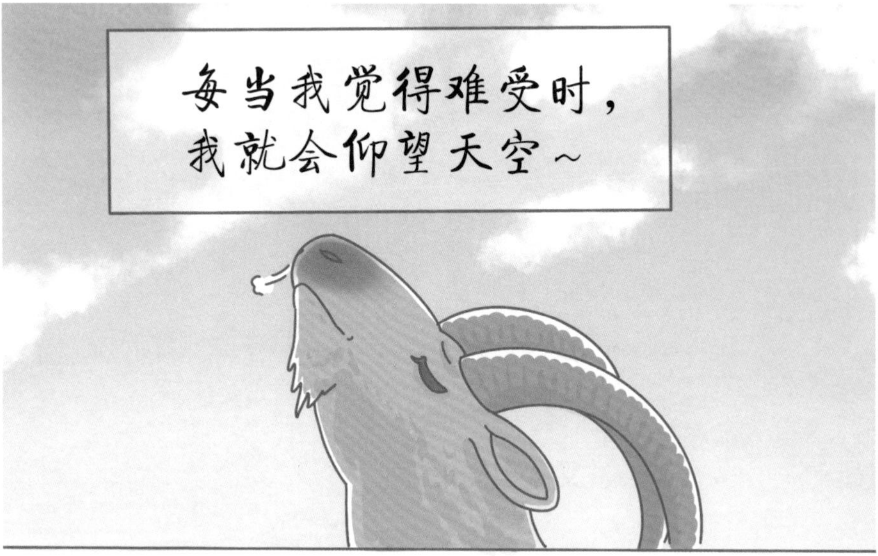
每当我觉得难受时，
我就会仰望天空~

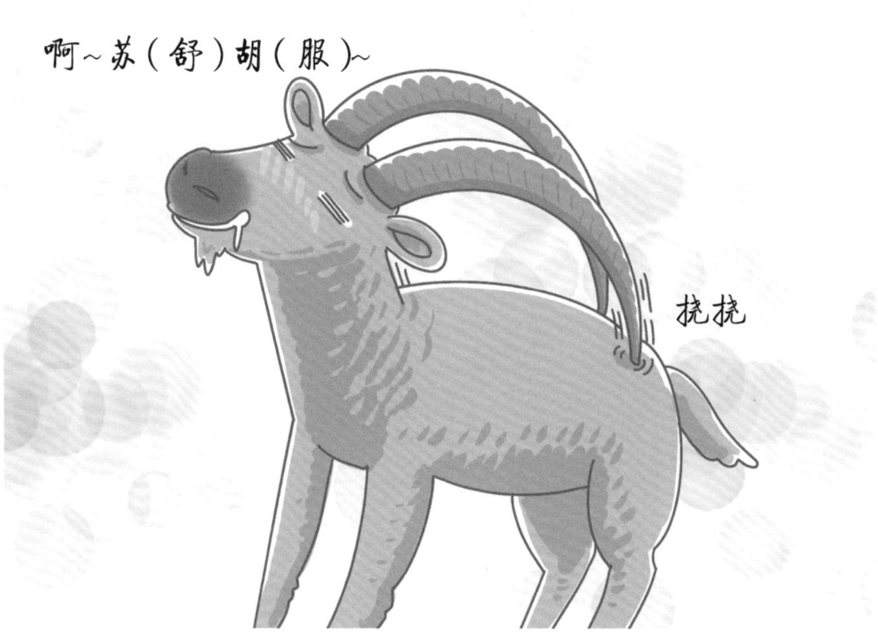
啊~苏（舒）胡（服）~
挠挠

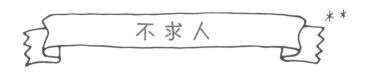

公獭羊拥有
又大又长的角，
甚至可以
用来挠屁股。

失眠

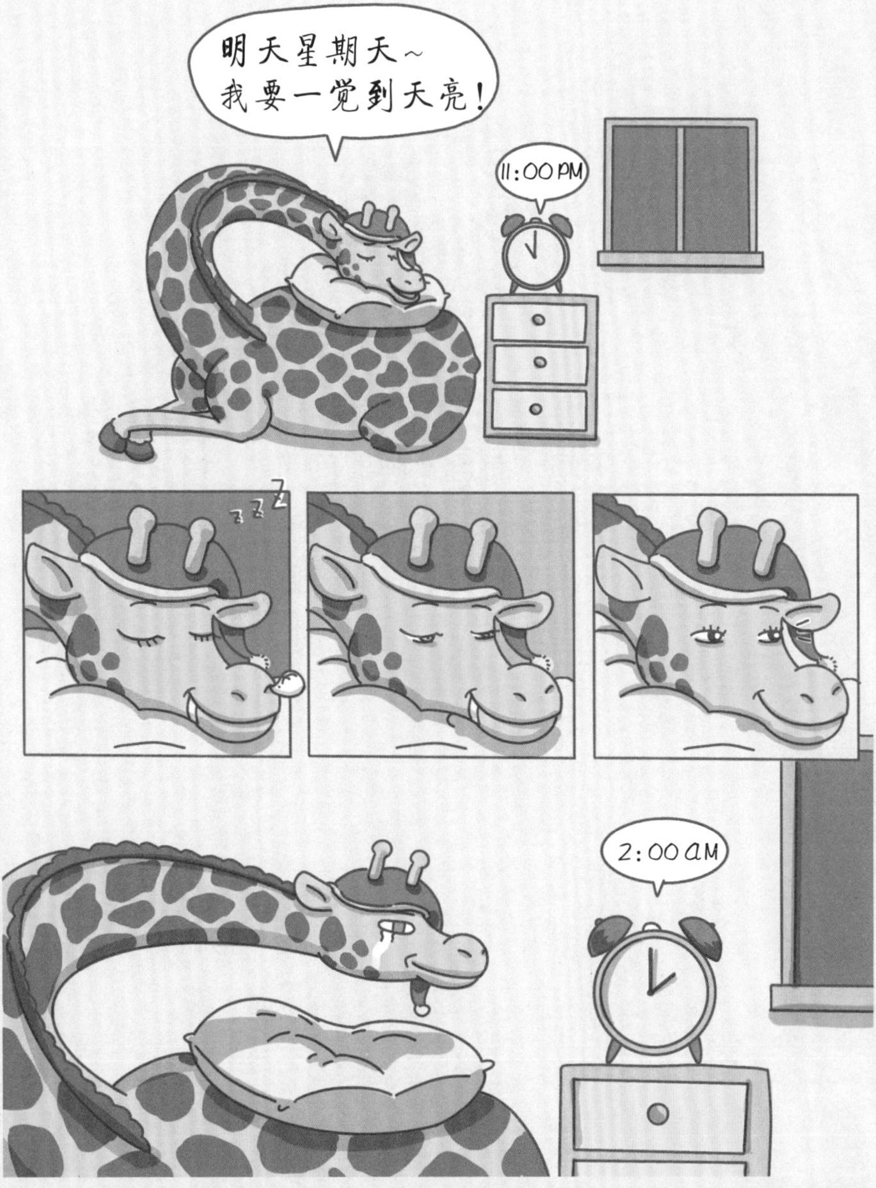
明天星期天～
我要一觉到天亮！
11:00 PM
2:00 AM

野生的长颈鹿一天只有20分钟的睡眠时间，而且熟睡时间可能只有1～2分钟。人工喂养的长颈鹿则平均可睡4个多小时。

消失的橡果

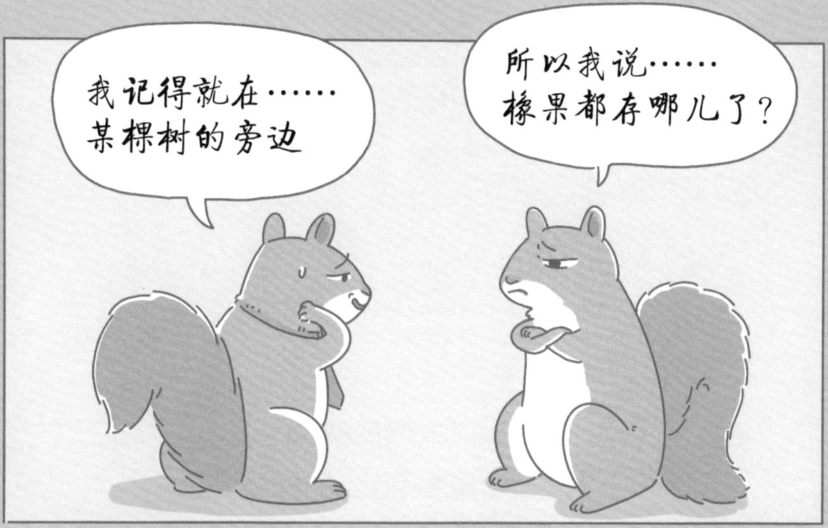
我记得就在……
某棵树的旁边
所以我说……
橡果都存哪儿了？

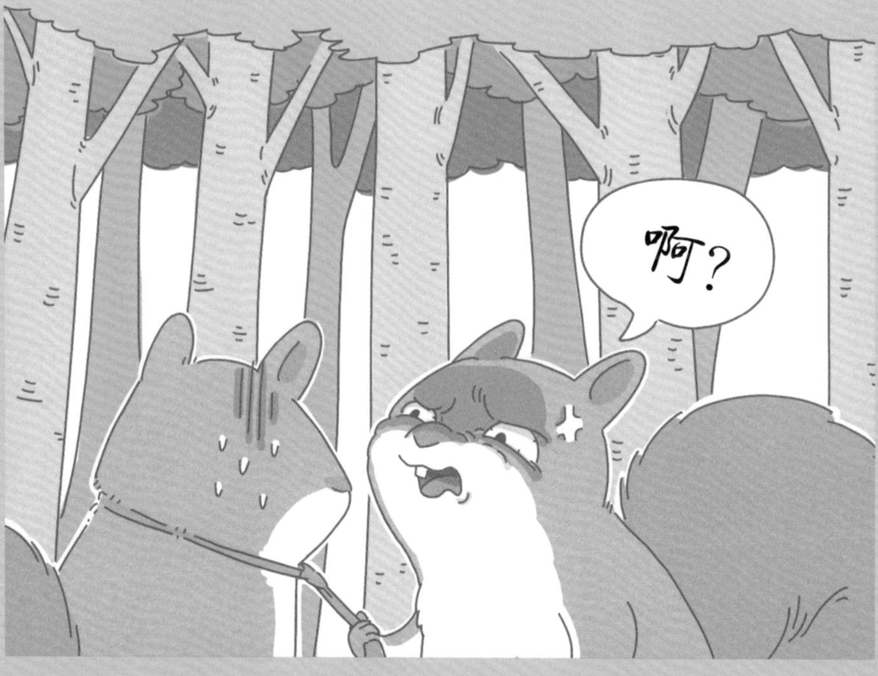
啊？

松鼠大概能找回
全部储量中95%的橡果，
至于另外5%……

垃圾分类
厨余垃圾

都市中的浣熊
很会从人类的垃圾中
觅食。

堕落

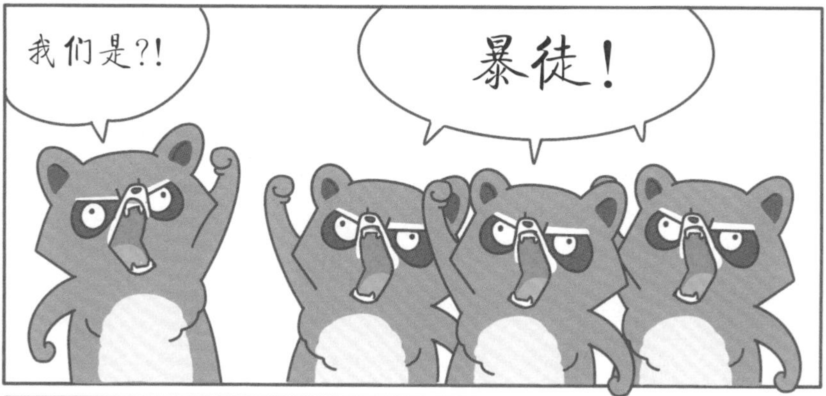
我们是?!
暴徒!

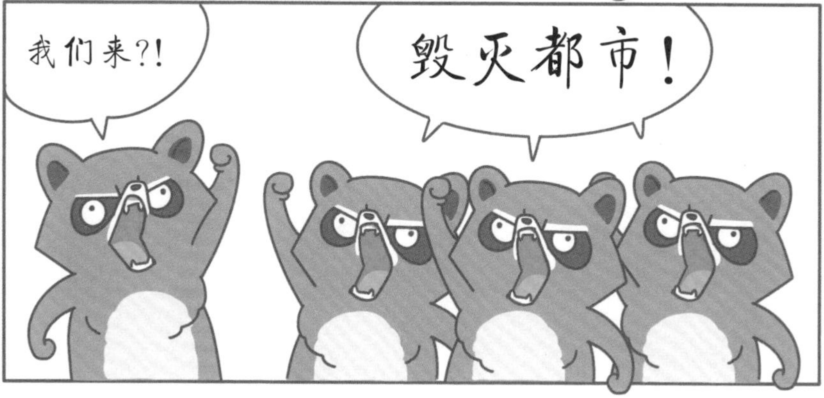
我们来?!
毁灭都市!

不久之后……

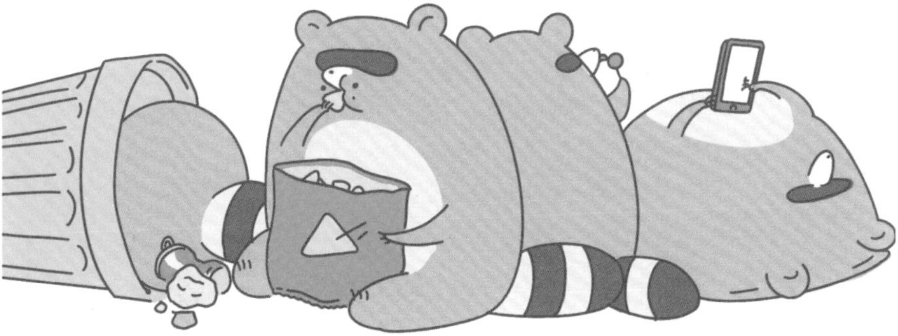

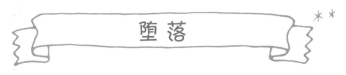

浣熊非常能
适应都市生活。
浣熊是最讨厌的
吃货……

烤肉酱

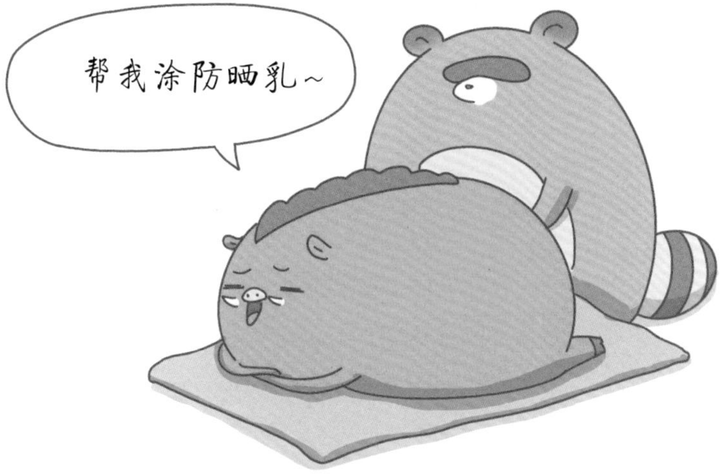

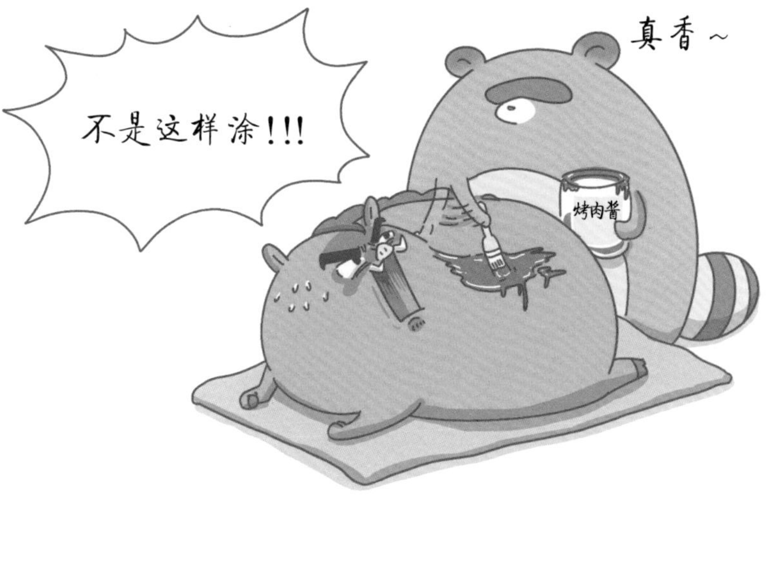

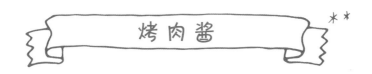

美味和胖是两回事！

猪的体脂率
比大多数人还低，
约15%。

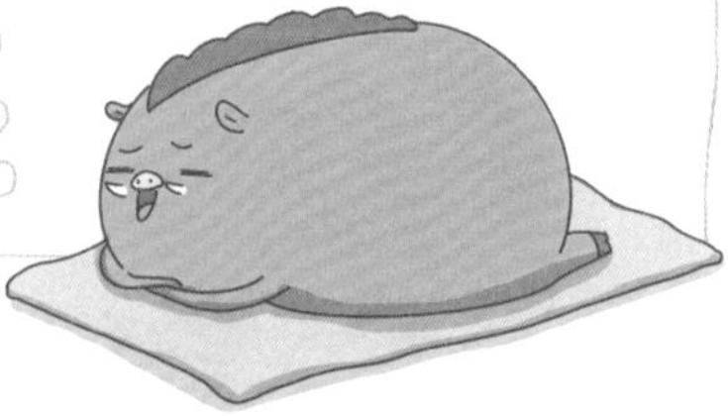

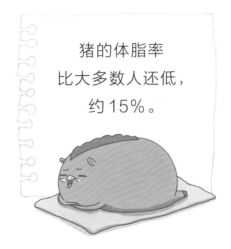

3D效果

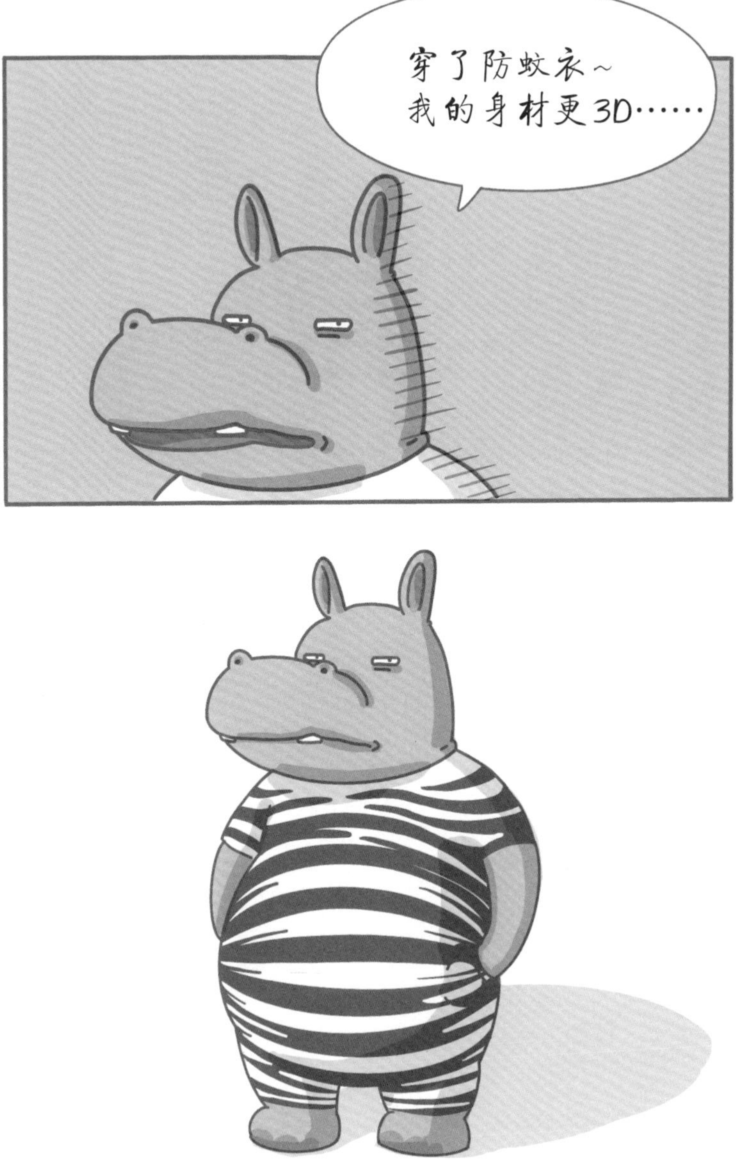
穿了防蚊衣~
我的身材更3D……

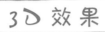

斑马纹有
驱蝇虫的效果。

小白脸

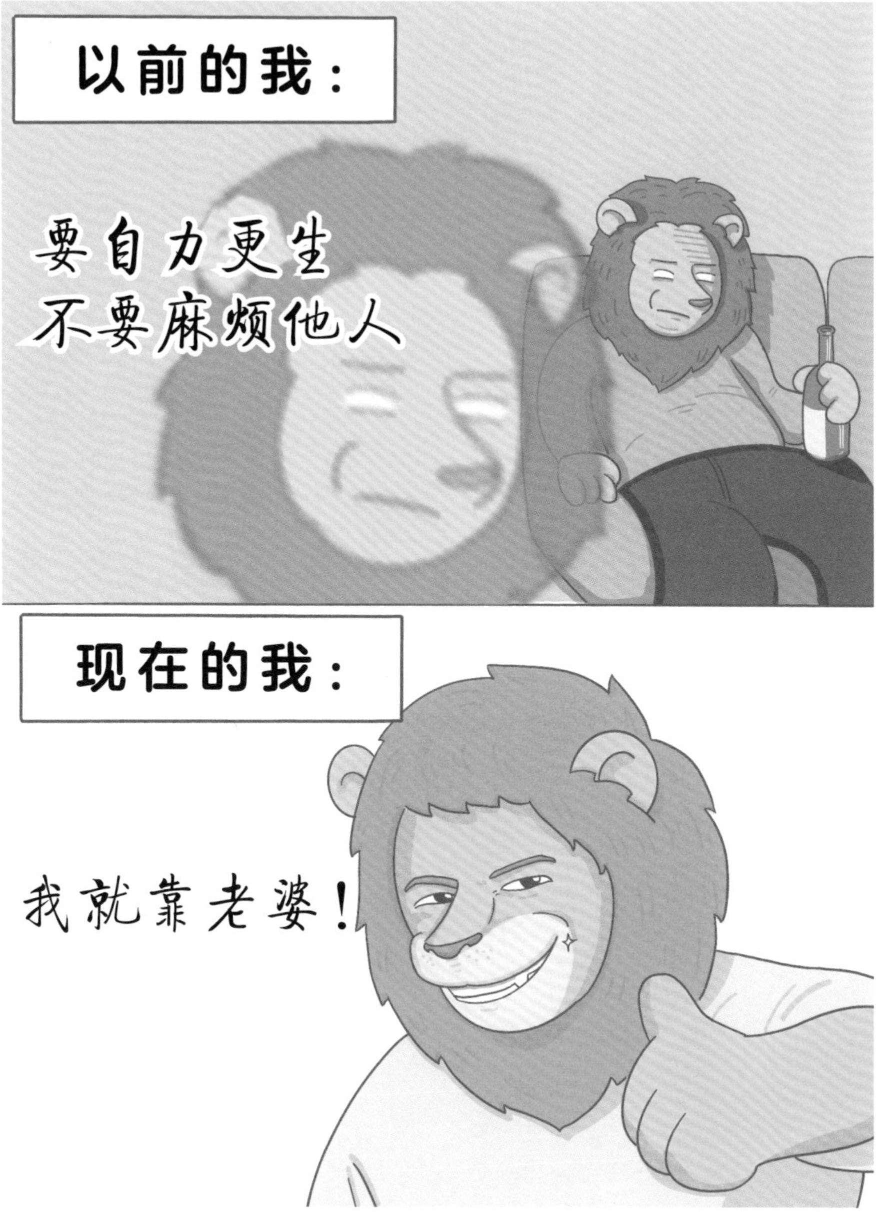
以前的我：
要自力更生
不要麻烦他人
现在的我：
我就靠老婆！

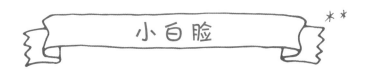

狮群里大多
由母狮负责狩猎。
靠老婆也是
一种实力！

好东西要和好朋友分享

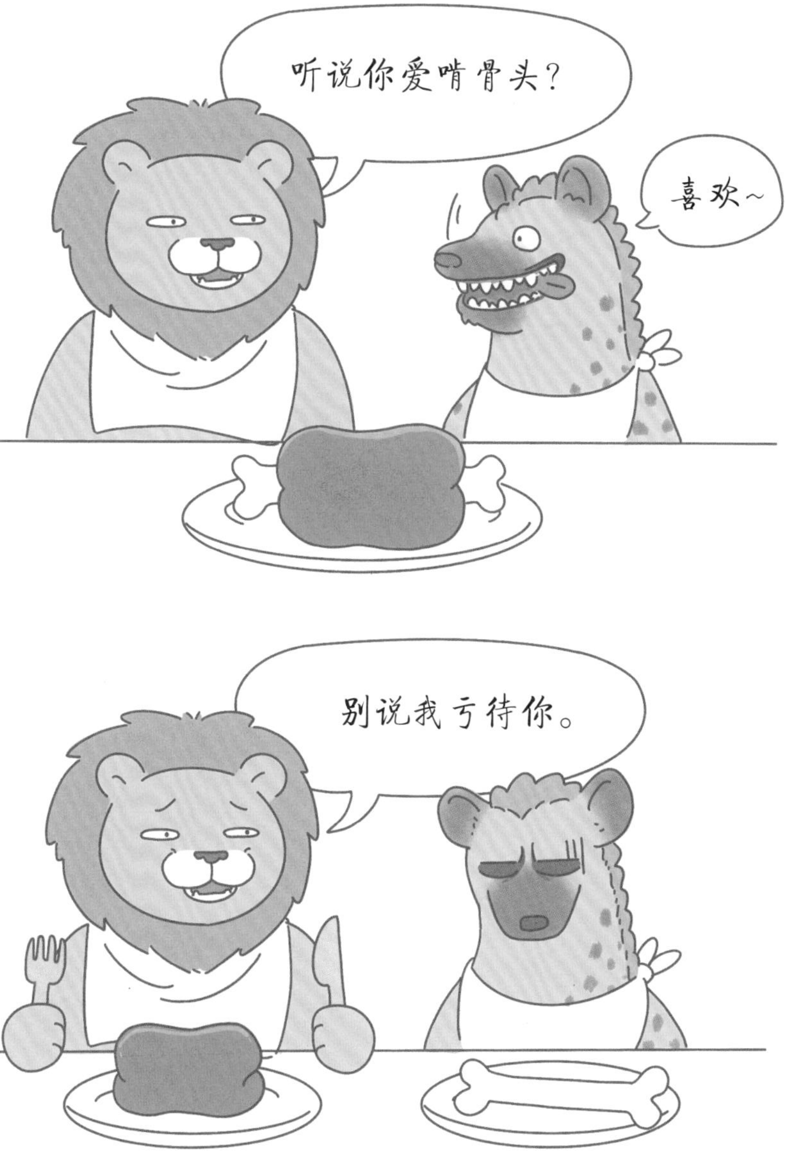

听说你爱啃骨头？
喜欢~
别说我亏待你。

狮子在野外常常
抢鬣狗的食物。

料理东西军

有位土耳其的蜂农发现
熊不但偷吃他的蜂蜜，
还会挑高档货，
懂吃！

\\ 后 记 //

这本书让你感到开心吗？如果是就太好啦！

在生活中难免会遇到一些烦心的事，这时我会翻翻以前的照片，回忆过去快乐的时光，想想与许久不见的朋友以前那些日子一起做的傻事，烦心事看起来也就不会那么糟了。

人生还真是奇妙，若是回到一年前，我完全不知道自己居然会出书！我从小就是个喜欢画动物的人，给我纸和笔，就可以画上一整天，但随着升学、进入社会，画画的习惯就渐渐消失了。

从日本进行一趟轻旅行回来后，我决定重拾过往的兴趣，每天画一篇图文放在自己的脸书上。由于我是个爱搞笑的人，所以画的主题也多是以开心、快乐为主。我将图画上传到社交网络一段时间后，获得越来越多朋友的回响，于是在大家的支持鼓励下开了个人主页。虽然是纯粹以逗大家开心为出发点，但每次看到网友有趣的留言，其实自己也被逗得很乐！

就这样画着画着，居然有一天收到编辑的出书邀约，当时我完全不知道自己是否可以胜任，毕竟这样等于除了社交网络以外，还要额外花时间画图……没想到在大家的合力帮忙下，居然真的走到这一步。

这本书穿插了一些有关动物的奇妙行为，希望在逗大家开心之余，也能顺便传播一点小知识。也许你会看到有几只角色好像有点眼熟，或是经常出现，像浣熊、山猪、巴哥，其实是因为这几个角色算是我主页上的开心果！如果你想要看到更多他们彼此间的互动，欢迎加入我的FB粉丝专页“新天的脑洞世界”，IG“BrainHoleSky”。

谢谢编辑团队的努力，谢谢家人、朋友的支持，谢谢拿起书本的你在茫茫书海中看到了这一页。对我来说，能通过图文创作和大家交朋友是一件很开心的事！

图书在版编目（CIP）数据

我很奇怪，但很可爱 / 新夭著. — 成都：天地出版社，2023.8
ISBN 978-7-5455-6677-2

Ⅰ. ①我… Ⅱ. ①新… Ⅲ. ①动物—普及读物 Ⅳ. ①Q95-49

中国国家版本馆CIP数据核字（2023）第096205号

本书由台北远流出版公司授权出版中文简体字版，限在中国大陆地区发行

著作权登记号：图进字21-23-142号

WO HEN QIGUAI, DAN HEN KE'AI

我很奇怪，但很可爱

出品人 陈小雨 杨 政
作 者 新 夭
审 订 张东君
责任编辑 魏姗姗
责任校对 黄珊珊 马志侠
封面设计 WONDERLAND Book design 仙境 QQ:344581934
责任印制 王学锋

出版发行 天地出版社
（成都市锦江区三色路238号 邮政编码：610023）
（北京市方庄芳群园3区3号 邮政编码：100078）
网 址 http://www.tiandiph.com
电子邮箱 tianditg@163.com
经 销 新华文轩出版传媒股份有限公司

印 刷 北京博海升彩色印刷有限公司
版 次 2023年8月第1版
印 次 2023年8月第1次印刷
开 本 880mm×1230mm 1/32
印 张 6
字 数 80千字
定 价 48.00元
书 号 ISBN 978-7-5455-6677-2

咨询电话：（028）86361282（总编室）
购书热线：（010）67693207（营销中心）

如有印装错误，请与本社联系调换

天喜文化